串燒大全

東販出版

超人氣店家的熱賣訣竅

最新

人氣「雞肉串燒」「豬肉串燒」大集合

被認為地位最不受動搖的人氣大眾菜色便是「雞肉串燒」、「豬肉串燒」了。在這之中，一些嶄新且具有個性的店家也陸續登場。在此集結了從素材、調味到燒烤方式等，口味受到眾人認同的最新店家情報，一起來感受他們的魅力吧。

使用嚴選南部地雞與玄海平戶釜炊鹽，再加上備長炭火力燒烤，如此講究的滋味廣受好評！

五代目 備中屋

東京・神田小川町

A套餐　2100圓（10串）

（月見雞肉丸、雞肝、頸肉、雞心、小青椒、鵪鶉蛋、芥末串燒、雞蔥串、雞屁股、雞胗、迷你沙拉、附湯）

極受顧客好評，可以一次品嚐南部地雞的各種串燒套餐。
傍晚7點前享用的話，招待一杯生啤酒或沙瓦。

『五代目　備中屋』是一間因高品質雞肉串燒的獨特魅力，而受到人氣好評的居酒屋。場所位在商業大樓林立的東京・神田小川町。雖然是面積8坪，客席數18席的小型店家，但附近公司的上班族卻常常連日捧場光臨。

作為招牌商品的串燒，是使用岩戶的南部地雞與玄海平戶的釜炊鹽、以及和歌山備長炭，一串一串仔細燒烤而成的嚴謹菜色。店家採購了當日處理的南部地雞後，會在一早便開始進行成串工作，所以顧客當然可以愉快的享用到最新鮮的滋味。釜炊鹽則是遵循古老的製作方法，將海水引入大型的鐵釜後以炊煮方式將水分蒸發，取出殘留鹽分的自然鹽。因為含有相當多的鈉成分，可讓雞肉串烹調得更加美味而採用。雞肉串單品有雞心、雞胗、鵪鶉蛋、繫管（譯註：連結心臟的血管）、雞皮（各150圓）、雞蔥串、芥末串燒、頸肉、雞肝（各200圓）、雞翅膀、帶骨雞屁股（各250圓）、月見雞肉丸（300圓）等。其中雞肝和月見雞肉丸是配上佐醬端出，而其他產品為了讓顧客品嚐素材原本的美味，基本上只提供鹽作調味。

由於能輕鬆愉快的品嚐雞肉串燒，而受到附近公司上班族的注目。常來光顧的熟客不少。

以和歌山備長炭，仔細地一串一串燒烤而成。提供外頭酥脆，裡頭鮮嫩多汁的串燒口感。

「微醺組合」 980圓（每日限定15名）

◎小菜　3種（每日不同）　毛豆、醃漬物、蘿蔔乾切絲（照片）
◎烤雞肉串　3串　雞肉丸、繫管、肝（照片）
（雞心、雞胗、雞皮、雞肝、繫管、鵪鶉蛋、芥末串燒、雞蔥串、雞肉丸辣味，可從中選擇3串喜歡的）
◎酒　1杯

只需一張1000圓的紙鈔，就可以享用串燒與酒，是老顧客很喜愛的一道組合。為此來店消費的客人也不少。

位在都內少數幾條商業街道之一的東京・神田小川町內。店前的直立看板彰顯出店家的存在感。

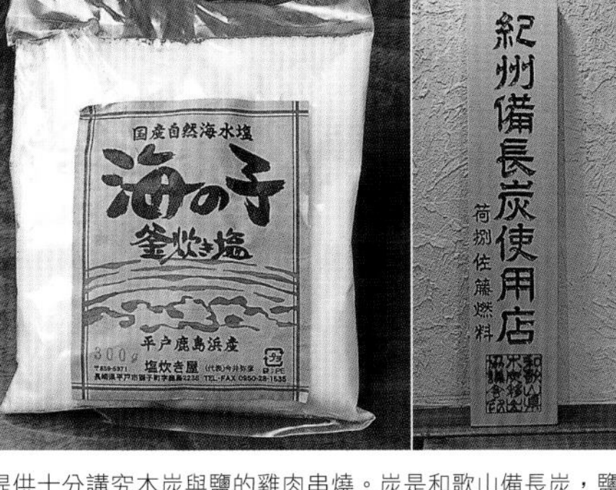

提供十分講究木炭與鹽的雞肉串燒。炭是和歌山備長炭，鹽則是使用產自平戶鹿島濱的日本國產自然海水鹽。

店主山口和男說「鹽的分量可以左右美味度，所以要根據不同部位進行些微調整，像是雞心就少些、雞胗或雞皮就稍微撒多一點。又因為使用和歌山備長炭強且近的火焰燒烤，所以端出的串燒外部酥脆，裡頭鮮嫩多汁」。

為了因應顧客希望能一次吃到多種雞肉串燒的期望，除單品以外，也準備了10串的「A套餐」2100圓、6串的「B套餐」1550圓兩種組合。舉例來說，「A套餐」的內容有月見雞肉丸、雞肝、頸肉、雞心、小青椒、鵪鶉蛋、芥末串燒、雞蔥串、雞屁股、雞胗共10串，再附上迷你沙拉與湯。另外，頗受老顧客好評，每天限定15個名額的「微醺組合」也只要980圓。

■經營／株式会社マックス・ケイ・システム
■店長・調理／山口和男
■住址／東京都千代田區神田小川町1-1 イルヴァーレビル1階
■電話／03-3295-5511
■坪數・座位數／8坪・18席
■營業時間／18時～23時30分
■公休日／週六、週日、國定假日
■預算／3000圓

日本３大地雞之一「名古屋交趾雞」串燒、聚集人氣的單品料理大受歡迎！

神奈川・海老名市
地雞、沙西米、串燒 居酒屋
紗ら

『地雞、生魚片、串燒 居酒屋 紗ら』位在小田急小田原線海老名車站附近的「ビナウォーク２番館グルメ館內」１樓，以在當地公司上班的男女上班族為中心，聚集了相當廣泛，會連續好幾天前往消費的客層。

店家直接從村瀨農場買進日本３大地雞之一——獲得相當高評價的「名古屋交趾雞」，並以其作出博得顧客絕大迴響，值得推薦的串燒以及單品料理。使用名古屋交趾雞為素材的串燒有、雞腿肉、雞蔥串、雞皮、頸肉、雞胗、雞心、雞翅膀等。一串２４０圓。除了味道鮮美之外，１串８０ｇ的雞腿肉和分量相當大的１串串燒，也成為魅力因素。同時，店家還準備了「交趾雞串燒套裝組合（７串）」，以１４８０圓的優惠價格提供給顧客，非常受到歡迎。另外，當店家送上串燒給顧客享用時，會淋上獨創的特製味噌佐醬。在加入辣椒粉的辛辣中，名古屋交趾雞串燒的美味更添一層。

這個特製味噌佐醬，是基於味噌與雞肉串燒搭配起來相當適合，又可引起食欲為考量所研發的產物。白味噌與紅味噌混和，添加味醂、日本酒、柳橙汁、七味辣椒粉等材料，靜置２～３日讓味

交趾雞串燒套裝組合（7串） 1480圓

雞翅膀、雞腿肉、雞心、雞蔥串、雞肝、特製雞肉丸、雞胗。淋上獨創的特製味噌佐醬後提供給顧客享用。

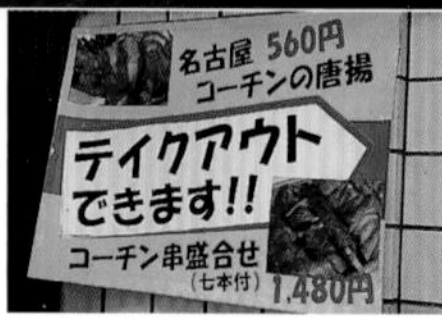

利用配上彩色照片的POP海報來傳達串燒外帶的服務。

紗羅羅特製雞尾酒 各490圓

甜美可愛的櫻桃、SHULABALA PAIN、眼中的彩虹（照片左起）。是千田有希店長開發的原創商品。

店內展示有各種酒類的瓶子，促使來店顧客追加點單。

道熟成後即可使用。一次會以2kg～3kg為單位一起製作好，之後分裝在烤雞肉串的盤中，讓客人依自己的喜好沾取食用。

串燒之外，也有使用名古屋交趾雞為素材所作成的沙西米和單品料理，並將其納入菜單中當成商品來販售。

名古屋交趾雞沙西米是每日限定商品，有「雞肉沙西米」680圓、「韓式生雞肉」、「半烤雞肉」各780圓等商品，讓人得以享受品味新鮮名古屋交趾雞的美味。另外，使用名古屋交趾雞的單品料理還有「交趾雞炒飯」630圓、「名古屋交趾雞油炸物」560圓、「紗羅羅沙拉」、「地雞薄片」各580圓等等。

距小田急小田原線的海老名車站僅數步之遙，店面位於大樓1樓。前口擺有直立看板，可引導來店顧客。

客席由木板隔間的座位和吧台座位構成。隔間座位採用可讓雙腳伸展的掘坑式設計。

千田有希店長（照片左）與老闆今井清尚（照片右）。兩人都是日本樂團南方之星的頭號支持者。

（上）名古屋交趾雞油炸物　560圓
（下）交趾雞炒飯　630圓

交趾雞炒飯所使用的材料有名古屋交趾雞的翅膀、胸肉、腿肉還有交趾雞蛋2顆。

■經營／株式会社サザンフードサービス

■店長／千田有希

■住址／神奈川縣海老名市中央1-8-1 ビナウォーク2番館グルメ館內1F

■電話／046-233-4447

■坪數・座位數／18坪・34席

■營業時間／17時～翌日1時（週五、週六、國定假日前到翌日3時止）

■全年無休

■預算／2800圓

名古屋交趾雞生火腿沙拉　580圓

在番茄、萵苣、小黃瓜上頭擺上切成細絲的名古屋交趾雞生火腿。

紗羅羅沙拉（芝麻風味）　580圓

將萵苣、番茄、小黃瓜與調過味的名古屋交趾雞翅一起盛裝的沙拉。

活用韓式料理調味料的獨特醬料與健康鹽，充份品嚐到雞隻15種不同的部位！

串燒（每水紅醬）

左起

◎雞肉丸	2串399圓	◎雞皮	2串378圓
◎雞胗	2串378圓	◎薄切	2串378圓
◎雞心	2串399圓	◎雞腿	2串378圓
◎雞肝	2串378圓	◎卵黃	2串378圓

活用苦椒醬和自家製藥念等韓國料理的調味料作成的紅醬，因適度的辛辣味與酒相稱而受到歡迎。

菜單上繪有一整隻雞的插圖，明確標示出的各部位圖解能引起顧客點菜的興趣。

東京・新橋
和韓海鮮・串燒　每水

以外觀看起來似乎非常辛辣的紅色醬燒料理，以及使用產自韓國，因美容、健康功效引起話題的竹鹽來調味所作成的雞肉串燒，而在男女上班族之間極具人氣的就是『和韓海鮮・串燒　每水』。

獨特的「每水紅醬」是以醬油、酒、味醂等和風調味料為基調，再加入韓國料理中使用的苦椒醬和切塊的辣椒，翻炒入味後製成特有的藥念，接著再加入紅辣椒等混和作成。經由長時間放置，讓醬料的味道熟成，辣度比外觀的辛辣感還低些，辣椒的甘甜、鮮美，與苦椒醬的濃厚合併之後產生的複合味道是其魅力所在。另外，「竹鹽」在韓國，主要是寺院以養生為目的而產生的傳統健康鹽。其製作方法為將3年以上的成竹切成筒型，當中填入天日鹽後以黃土封蓋，再以約1000℃的高溫不停反覆燒灼。高溫燃燒可以將鹽中所含的有害物質、重金屬等成分除去，而竹子以及黃土的有效成分則可以浸染入鹽分裡，與天日鹽的礦物質調和，因此對維持健康頗有助益。雖然是天日鹽卻帶有些微綠色是其特徵，而具有溫和又適中的鹽味與淡淡香氣也是它的優點。

串燒（韓國竹鹽）

左起

◎雞翅　2串399圓
◎胸軟骨　2串378圓
◎雞脾臟　2串399圓
◎雞里肌　2串399圓
◎氣管　2串378圓
◎雞屁股　2串378圓
◎Soli　2串399圓
◎淋巴　2串399圓

韓國自古流傳的竹鹽，因韓流熱潮被重新發現。

位在新橋車站前飯店的地下室，客層以上班族為主，一天的來客數為160人。

客席有以個別方式分隔的桌席以及包廂，讓空間產生豐富變化，營造出一種「大人的遊樂場」的印象。

店內引進能夠產生強大火力，且狀態安定的雞肉串燒專用電氣式加熱調理機。串烤地方設置在廚房內，尖峰時段可全方位使用機台兩側進行燒烤。

雞肉串燒使用的是岩手的地養雞。由於希望能讓顧客品嚐到一隻雞的各種部位，因此採購了15種不同的肉質，並且在店內仔細去除多餘脂肪與筋膜後才進行串刺工作。還未覆上蛋殼，稱作「卵黃」的蛋、具有濃厚滋味的「脾臟」、頭部骨頭附近腺體的「淋巴」等數量受限的稀少部位也都準備齊全，好引起顧客點餐消費的念頭。1串平均40～50g，分量十足。不論什麼種類，所有串燒都是以2串為點菜單位，顧客可憑喜好選擇竹鹽或是紅醬。另外，店家還準備了由雞腿肉、雞胗、雞肝、雞肉丸等暢銷商品組合而成的「串燒組合餐」。情侶檔客人或是少人數的團體通常會先點一盤組合餐後，再依個人喜好加點，而雞肉串燒一天可賣出300～400串。

■經營／株式会社スリーシーエス ホテル&レストラン
■Super visor／田中道章
■店長／阿部浩二
■住址／東京都港區新橋2-9-4 ファーストホテルヨシカワB1
■電話／03-3592-0230
■坪數・座位數／98坪・159席
■營業時間／17時～23時(僅週五至翌日2時止)
■全年無休
■預算／4000圓

隱藏著雞肉串烤的街道，宮崎風格的炭火燒擄獲上班族的心！

東京・丸之內
宮崎地雞炭火燒
車　丸之內店

將雞腿肉切成小塊放在瓦狀鐵板上，並伴隨著煎烤的聲音送到顧客桌前。當滋滋作響的聲音尚未平息時，將熱呼呼的一塊雞肉送進嘴裡，感覺鮮嫩完美的口感；咬嚼時肉中間是近似半熟的柔軟肉質。將這種宮崎地區常見的「腿肉炭火燒」作為招牌特色的便是『宮崎地雞炭火燒　車　丸之內店』。

它原本是間由大阪起家的地雞料理連鎖店，5年前打入東京。不將雞肉串起，而是將肉切成小塊後用鐵盤盛裝，這種宮崎地方的風格已經獲得丸之內上班族的認可，並且博得大好評價。而在素材方面，全店使用宮崎產的地頭雞地雞。地頭雞是以宮崎、鹿兒島為主要產地的日本在來種，為了進獻給島津藩的地頭職，自古便被飼養至今，雞種可說是大有來頭。而將這種地頭雞進行交配改良生產而出的便是地頭雞地雞。店家每天會從簽約農家以空運方式購入當日現宰雞肉，新鮮度自不在話下。和普通肉雞比起來，地頭雞地雞不但要花上3倍的飼養天數，飼養方式也很費時費工，所以生產數量有限；店家主要採購腿肉、胸肉、里肌肉部位，用於炭火燒等菜色上。每一種都是當日限定數量的

上為宮崎地雞的腿肉，下為地頭雞地雞腿肉，光１片就有400ｇ。

腿肉連皮切成小塊，用鹽仔細搓揉入味。

架設切塊炭後點燃火焰，在烤網上放上附有雞脂肪的肉進行燒烤。

將肉翻轉使雞肉沾上脂肪，以煙邊燻邊烤。

地頭雞腿肉炭火燒　1890圓

有如牛排一般的鮮嫩感會帶動顧客胃口大開連續加點，１天只有10客的炭火燒每天都銷售一空。１人份所使用的腿肉重達150ｇ，並以柚子胡椒與蒜泥為香辛料提味。

入口採用大片格子的料理屋風格，面對燒烤台的吧台處則作成客桌感，是能讓人安心品嚐料理的設計。

商品。而除了這些著名商品之外，店家還準備了同樣由簽約農家進貨，以頸肉與里肌肉為主，可輕鬆享用的宮崎地雞串燒。另外，這間店很特別的是不使用腿肉及胸肉來作串燒，而是將這些部位作成價位比地頭雞地雞稍低的炭火燒或半烤雞肉和沙西米等等。而就算同樣都是炭火燒，店家也會將串燒及腿肉炭火燒的調理處分開。串燒部分使用熱度高且不易出煙的備長炭，而腿肉炭火燒則為了讓雞脂肪在燒炙時能薰染到炭火香氣，因此使用容易冒火花的粗切炭等，可見燒烤方式對味道有很重要的影響。

串燒

◎里肌明太子美奶滋　1串210圓
◎里肌梅肉　1串210圓　◎里肌芥末　1串210圓

使用宮崎地雞作成的串燒，中間烤成半熟狀，以芥末、梅肉、明太子美奶滋點綴後端出。

串燒

◎頸肉蘆筍卷　1串315圓　◎頸肉　1串210圓　◎雞蔥串　1串263圓
◎大蒜頸肉　1串263圓　◎頸肉蘿蔔泥酸桔醋　1串263圓

頸肉串燒有5種口味，分別是單純的鹽燒、綠蘆筍卷物串、雞蔥串、夾蒜頭燒烤的蒜燒以及爽口的蘿蔔泥酸桔醋。

■經營／株式会社イデア
■店長／山田豊史
■副店長・調理／布施裕之
■住址／東京都千代田區丸の内2-7-3 東京ビルディングTOKIA B1
■電話／03-3216-0022
■坪數・座位數／37坪・72席
■營業時間／平日：午11時30分～14時30分　晚17時～23時45分　週末假日：午11時30分～14時30分　晚17時～23時
■全年無休
■預算／4500～4700圓

串燒設有另外的專用燒烤台，擺放了滿滿的備長炭，並以強火燒烤。

材料區分使用，提升燒烤技術的銷售方式，深深吸引年輕女性顧客光臨！

嫩雞串

◎雞蔥串　1串157圓
◎紫蘇卷　1串157圓
◎膝軟骨　1串157圓
◎雞皮　　1串105圓
◎雞翅　　1串157圓

為了方便女性顧客食用，一串平均30～35ｇ。每天從群馬訂購新鮮雞肉，在店內仔細處理成串後作成燒烤。

豬肉串

◎蘆筍卷　1串210圓
◎豬舌　1串157圓　◎豬頭肉　1串136圓
◎豬Toro　1串157圓　◎五花　1串136圓

使用喜馬拉雅岩鹽引出食材原味的豬肉串燒。豬舌和豬Toro之類的少見部位也有所準備。

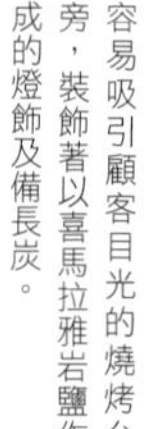

容易吸引顧客目光的燒烤台旁，裝飾著以喜馬拉雅岩鹽作成的燈飾及備長炭。

東京・日比谷
雞、豬　炭火燒
串こまら

東京的日比谷、有樂町一帶是都內少數幾個串燒激戰區之一。在許多以上班族為主要客層的串燒店中，獲得絕大部分年輕女性支持的就是『雞、豬　炭火燒　串こまら』。1串105圓起的平價價位，使用新鮮嫩雞及日本國產鮮豬肉為素材的美味串燒，再加上以紅色、黑色為基本色調的內部裝潢設計，發掘出女性希望能夠優雅時尚地品嚐燒烤的潛在需要。

該店串燒最有特色的地方，就是會隨燒烤部位不同而採用不一樣的雞種。腿肉一向被視為串燒最具代表性的部位，但是在採購年輕雞隻時，由於其飼養天數不長、運動量較少，所以會改以運動量最大的頭頸部分為主要進貨，來製作「雞肉串」、「雞蔥串」、「紫蘇卷」等。而雞腿肉則採購味道濃厚的鳥取大山雞來使用。另外，較受女性顧客青睞的「雞肉丸」，除了用家傳秘方醬燒調理，以喜馬拉雅岩鹽燒烤，還使用黑胡椒、大蒜、柚子胡椒，以及搭配辛香料羅勒醬汁等等調味，味道變化豐富、品項齊全。這些雞肉丸所使用的材料是宮城的藏王土雞，每天進貨後，先在店內做成雞絞肉，接著再製成生雞肉丸燒烤；使用新鮮材料是店家的主要訴求。

為了讓所有客席都能看到燒烤的狀況，燒烤台設置在吧台中間且提升了高度。

特製月見雞肉丸

（1串）　199圓

擁有許多支持者的招牌雞肉丸。將手工製的生雞肉丸沾上特製醬料後燒烤而成，並添加味道香醇，奧久慈產的雞蛋蛋黃。

雞肉丸5串套餐組合　651圓

（家傳醬料、喜馬拉雅岩鹽、梅紫蘇、芥末、明太子美奶滋）

標榜著有10種不同口味的「雞肉丸三味串」。除單品之外，也有讓人覺得物超所值的套餐組合。

同棟大樓的3樓則是系列店『鳥こまら』，大樓門口擺放有燈籠及菜單，吸引顧客光臨。

而為了讓每種串燒的品質都可穩定均一地供應給顧客，燒烤台所使用的是店家與機器廠商共同開發而出的特製機器。對燒烤台的研究從機台高度、前晚備長炭的殘留狀態、新種炭品、以及炭火最理想的3層堆疊等等均有著墨。並且在機台上方放置了可調整左右長度的烤網，而在保持炭火火力，維持一定強火這項要求上也下了很多功夫，讓店家在營業時不需調用人力以扇子煽火。從材料選別到燒烤技術，全盤考量的經營方式是此店獨到之處。在㈱ケイ・フードシステム經營的系統計畫中，『串こまら』和專營雞肉串燒的『鳥こまら』，這2種經營型態是以個人或夫婦為招收加盟對象，並運用獨有的NC系統（新的分店系統）擴張店舖。

■經營／株式会社ケイ・フードシステム
代表取締役・北村　巖

■店長・調理／草間貴利

■住址／東京都千代田區有樂町1-2-9小川ビル6F

■電話／03-3507-3639

■坪數・座位數／17坪・38席

■營業時間／18時～23時

■公休日／六、日、國定假日

■預算／3500圓

展現雞肉各部位的特有風味，並以絕妙的燒烤色澤與火候迷住顧客。

東京・西麻布

TORI+SALON 韻

燒烤成金黃色的美味光澤，容易食用，剛剛好4口大小的雞肉整齊地穿成一串。『TORI+SALON 韻』的雞肉串燒在享用前就能令顧客感受到秀色可餐的視覺饗宴。普遍且大眾化的串燒改採像是高級餐廳那般，全盤委託主廚搭配菜色的方式，吸引了外國人、女性團體與接待客戶的商業人士等顧客前來消費。

食材使用純種名古屋交趾雞。每天採購清早宰殺的新鮮肉品，在店內支解完成後以備長炭火燒烤烹調。雖然被稱為名古屋交趾雞的高級素材，光1串就要300圓到500圓的高價位，但是該店最大魅力卻不止是食材品質優良，穿串的功夫、燒烤的方式等職人的高超技術更是令人無法抗拒。

譬如說，去骨雞塊使用的是雞腿肉部位，將腿肉中多餘筋膜除去，再連皮切成一口大小，讓雞皮將肉包住後串成一串，經過燒烤後，外層香酥內裡鮮美多汁。而雞蔥串使用的雞胸肉，是取得雞肉與脂肪比例良好且較薄的部分與青蔥搭配，再以恰當的火侯燒烤。至於肉質纖細的里肌肉，運用原本雞肉的形狀交織擺放後穿成串，可品嘗嫩軟口感。雞

串燒

◎雞蔥串	1串400圓	◎里肌肉	1串300圓
◎雞肝	1串400圓	◎雞屁股	1串400圓
◎去骨雞塊	1串400圓	◎雞心	1串400圓
◎雞翅	1串500圓		

肉質富有彈性，外型整齊的名古屋交趾雞串燒。以鹽燒為基本口味，另可依喜好搭芥末或中國山椒的香辛調味。

注意煙的流向與炭火強弱來決定串燒擺放的位置，隨部位不同來獲取適當火侯是要點。

翅則是將原本的骨頭取下，以2支竹籤串過，固定好後再仔細燒烤引出材料風味。而像雞肝之類的部位則追求柔滑順口感。像這樣慎重地處理雞肉每種部位的獨特口味，然後多加上一道工序的作法，是與一般燒烤店最大的差異之處。

此外，店內也準備有季節性的無農藥或是減農藥蔬果，這些蔬果串燒的種類通常維持在10種左右，並根據素材特性用鹽或醬油為基底的醬料燒烤，或者以添加辣味噌的方式來作口味變化。

可以展現名古屋交趾雞串燒的豐富滋味，還有追求安心、安全的蔬菜串燒。將這些優點與特色均衡組合而成的銷售風格，讓顧客百吃不厭。

像是酒吧裡散發時尚氣息的吧台，另備有能享受炭火燒樂趣的特別包廂。

放置在吧台旁邊，裝在白木箱裡的無農藥蔬菜串燒，由此可看出店家對材料的講究。

野菜燒

（由後方開始順時針方向）

◎茗荷	1串350圓	◎銀杏	1串350圓	◎黑小青椒	1串300圓
◎香菇	1串600圓	◎茄子	1串300圓	◎節瓜	1串350圓
◎小蕃茄	1串350圓	◎杏鮑菇	1串400圓	◎蘆筍	1串350圓

肥厚的香菇與清脆的綠蘆筍、滋味甜美的小蕃茄等，蔬菜串燒也有各種獨特滋味。

親子丼　1200圓

作為用餐結尾的一道料理，十分受到好評。其中使用了以炭火燒烤，香氣四溢的名古屋交趾雞腿肉。

■經營／株式会社C・H・U

■店長・調理／中山一夫

■住址／東京都港區西麻布2-25-24 NISHIAZABU FTビル2階

■電話／03-5778-3626

■坪數・座位數／33坪・30席

■營業時間／19時～翌3時

■公休日／週一

■預算／5000～6000圓

「新鮮當日現宰和豬肉」輔以備長炭火絕妙燒烤，深獲地方顧客的熱烈支持！

在JR總武本線西千葉車站下車，離商店街路程不遠處開業。

豬肉串燒5串套餐　500圓

照片左起，豬舌、豬頭肉、豬肝、五花、肥腸。單品１串為110圓。以套餐方式點可省下50圓。

在客席最容易看到的地方設置了以玻璃隔開的燒烤台。現場料理的感覺百分之百。

千葉・千葉市
豬肉串燒　笑左衛門　西千葉店

在ＪＲ總武本線西千葉車站下車，徒步７～８分鐘，要進入住宅街區之前的地方，『豬肉串燒　笑左衛門　西千葉店』便坐落於旁邊一角。此處白天通過的人潮並不多，地理位置算不上太好，但笑左衛門卻能在這種地點開業，而且受到附近大學學生、情侶、家庭等，地區性廣大顧客的喜愛。招牌料理的豬肉串燒採用當天現宰的日本國產豬內臟，清除多餘脂肪等雜質後作成串燒。店家越過中間業者，直接自千葉縣一間屠宰場進貨，降低成本之外也提供給顧客新鮮的食材。

這間店以「新鮮當日現宰和豬肉輔以備長炭火絕妙燒烤…」這樣的宣傳標語向顧客訴求自家理念，可見不但非常講究燒烤方式，也相當注重備長炭的運用方式。

「和豬肉串燒」有豬頭肉、豬舌、豬心、肥腸、豬肝、軟骨等10種種類。全部都是１１０圓，另外還有價格略微優惠的「豬肉串燒5串套餐」，只要５００圓。而為了滿足想吃雞肉串燒的顧客，也有「雞腿肉」、「去骨雞塊」、「雞皮」、「雞胗」、「雞翅」各１２０圓，「雞蔥串」１５０圓、「雞肉丸」２００圓等商品。另外，為了回應顧客

有點摩登，氣氛沉穩的環境。以客桌為主體，而適合單人顧客的吧台則設了五個位子。

雞串燒5串套餐　600圓

照片右起，雞屁股、軟骨、雞胗、雞肉丸、雞皮。單品價格：雞屁股180圓、軟骨120圓、雞胗120圓、雞肉丸200圓、雞皮120圓。

(上)手工豆腐　380圓
(下)豬肉煮　450圓

號稱手工製的美味配菜種類齊全。是等待串燒時非常受歡迎的副餐料理。

起司雞肉燒 180圓

將雞腿肉以炭火燒烤後，裝入盤中，放上披薩用的起司，再以噴火槍將起司燒溶後供應。

梅雞紫蘇卷 150圓

使用雞腿肉作成。在雞肉上擺放梅肉，並用紫蘇葉點綴。清爽的口感是其特色。

的希望，以「有點奇怪的串燒」為名稱，提供了「梅雞紫蘇卷」150圓、「五花蕃茄卷」200圓等料理。「起司雞肉卷」180圓、「起司雞肉卷」是先將雞腿肉燒烤後，在上頭放上起司再以噴火槍燒溶。這道西洋風味的串燒很受年輕人喜愛。而在醬料方面，店家準備了鹽、味噌佐醬、醬油佐醬3種調料料，顧客可依喜好選擇。

串燒之外也有沙西米、配菜料理、主食、沙拉等。沙西米是使用新鮮和豬肉的限定商品，「生肝沙西米」、「豬舌沙西米」、「豬心沙西米」、「子宮沙西米」各380圓。配菜則有300圓的「毛豆」、400圓的「炸軟骨」、500圓的「快炒豬雞」等10種以上。

■經營／株式会社アルファフーズ
■店長／須子亮太
■調理／小野　淳
■住址／千葉縣千葉市稻毛區綠町1-20-7
■電話／043-238-0721
■坪數・座位數／13.5坪・20席
■營業時間／17時～24時
■公休日／週日
■預算／2000圓左右

東京・惠比壽
火烤與燒酒之家　炭まる

致力於提升雞、豬、牛的素材魅力，並以單純的鹽燒滋味獲得大衆喜愛！

從肉類食材雞、豬、牛，魚貝類食材如花枝、鮪魚等，再到茄子、冬菇、香菇等蔬菜類食材為止，廣泛地使用各種材料進行炭火燒烤，因而聚集大量人氣的就是『火烤與燒酒之家　炭まる』。

火烤的魅力在於將材料經由燒烤而激發出其美味。只是這樣，再加上確實選擇食材，就成了招攬顧客的關鍵。所以，在『炭まる』中不只是對肉類有所要求，選擇雞肉時也以肉質富有彈性、體型比一般雞還要壯大的鳥取大山雞為目標；雞腿、雞肉丸、雞翅、里肌肉、軟骨、雞胗、雞皮等部位種類齊全，顧客能盡情享用。

與雞肉串燒同樣受歡迎的豬肉串燒，其材料採用以「岩中品牌」之名在全國擁有高度評價的岩手縣北上市「岩中豬」。在飼料中添加麥子、礦物質、維他命等物質，並以緩慢的步調飼育達180天，在這樣環境中成長的豬隻沒有壓力，肉質軟嫩、脂肪具有甜味是一大特徵。另外，這種豬肉也因為所含有的維他命E為平常的3倍，而且能降低膽固醇數值的α—linoleic acid含量豐富，可作為健康食材而受人關注。豬肉串燒很適合以鹽燒方式烹調，五花肉、豬Toro、豬舌、豬心、豬頭肉都獲得

烤雞肉串5種盤裝　1029圓

（雞腿串、雞胗串、里肌串、雞皮串、雞翅串）

共有7種部位，1串以168到262圓的合理價格提供給顧客。大部分的客人都會點上一盤。「里肌串」可憑喜好添加梅肉或芥末。

烤豬肉串5種盤裝　945圓

（豬五花串、豬舌串、豬Toto串、豬心串、豬頭肉串）

以泛著微白的柔軟肉質與帶有甜味的脂肪而廣受好評的岩中豬串燒。五花肉、豬Toro、豬舌等高級鮮美部位種類齊全，並將其燒烤至軟硬適中的程度。

烤牛肉串

（左起）

◎牛肝串　1串294圓

◎霜降上五花肉串　1串336圓

◎熟成橫隔膜串　1串336圓

將含有霜降脂肪的五花肉與具有柔軟口感的熟成橫隔膜等，如同燒肉店般高品質的肉品，烤至鮮嫩多汁後提供給顧客。

一定數量的顧客喜愛，至於其他特有的招牌商品，還有像是一盤使用了120g豬肉的「岩中豬肩腰肉天然鹽燒」。

而在火烤串燒中較為少見的牛肉，店家也同樣講究地使用和牛A4RANK的品質，有脂肪分佈如霜降的優質牛舌、橫隔膜、牛五花等，強調優良好味道。

為了活用材料的魅力，火烤串燒除了雞肉丸之外，全以鹽燒方式處理；並使用經由傳統製法，以廣島縣蒲刈町馬尾藻與海水製成的「海女的藻鹽」。藻鹽除了含有海藻的礦物質成分外，柔順的鹽味可引發材料的美味，且與店內常備的100多種本格燒酒之間具有非常良好的搭配效果，相當受到顧客好評。

通道旁立著醒目的看版，表示店內備有100種以上的燒酒

將身為銘柄豬之一，而且曾獲得全國性優良評價的岩中豬特色標示出來，訴求食材的安心、安全性等信賴感。

不論是雞、豬、牛串燒，還是曬了一晚的魚或蔬菜，所有燒烤料理都是使用紀州備長炭來烹調。

名物岩中豬肩腰肉天然鹽燒　682圓

一盤分量120g的豬肩腰肉，並使用「海女的藻鹽」來提引出食材美味的炭火燒。可2～3人一起開心地享用。

霜降特級牛舌天然鹽燒　1365圓

使用霜降珍貴牛舌鹽燒而成。外層香酥，內層半熟的部份則殘留著粉紅色滑膩之感。

■經營／株式会社ブルーム

■主任／白石泰善

■住址／東京都渋谷區惠比壽南3-2-19
エスペランサ恵比寿2階

■電話／03-5773-1855

■坪數・座位數／31坪・50席

■營業時間／週一至週四：17時～翌1時
周五、週六：17時～翌4時
週日、國定假日：17時～23時

■全年無休

■預算／4200～4500圓

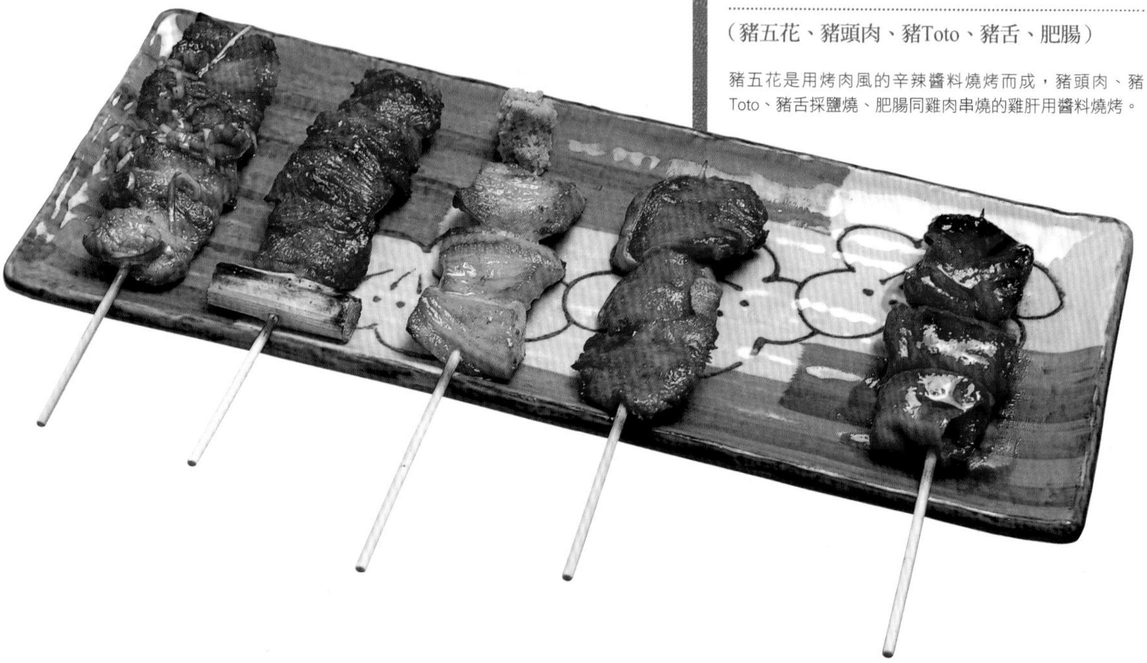

貫徹庶民風格的雞肉與豬肉串燒，可享受復古懷舊的氣氛造成連日盛況。

雞套餐　600圓

（軟骨、雞胗、雞心、去骨雞塊、雞肝）

總而言之，這是一套推薦部位的套餐組合，很多顧客都會搭配加點其他喜歡的串燒。

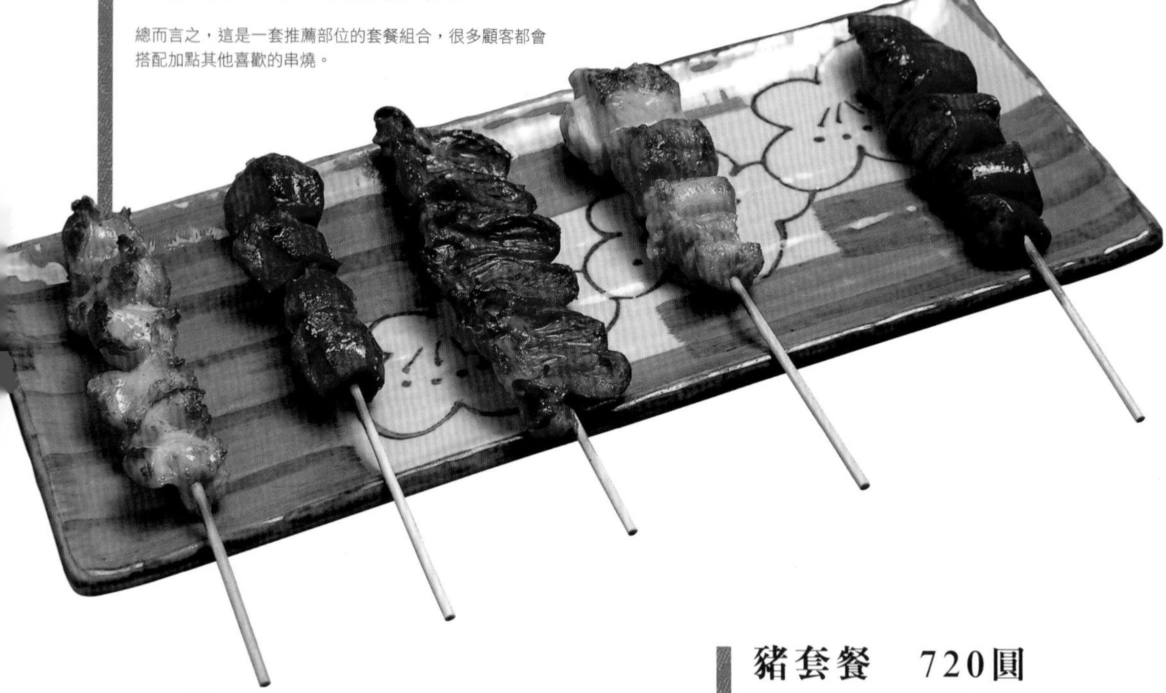

豬套餐　720圓

（豬五花、豬頭肉、豬Toto、豬舌、肥腸）

豬五花是用烤肉風的辛辣醬料燒烤而成，豬頭肉、豬Toto、豬舌採鹽燒、肥腸同雞肉串燒的雞肝用醬料燒烤。

由遮蔽的屋瓦、木板間隔與紋染的深藍色布簾等空間元素構成整間店，進入店內後，醬油樽的椅子、無遮罩的電燈泡，在在散發出令人懷念的氣息，而雞肉與豬肉串就在瀰漫著炭火煙氣的吧台中，以熊熊火勢燒烤著。雞肉串燒是由江戶時代的路邊攤流傳下來，可謂日本的庶民食文化。能品味到雞肉串燒所保有的這種庶民風情，並享受懷舊氣氛的就是『燒雞家　なお吉　藤澤北口店』。

以1串100圓為主的商品價格，是令人愉快的消費水準。所以若有3000圓的預算，就可以一邊喝酒一邊享用喜歡的雞肉和豬肉串燒。為了貫徹庶民風格，雞隻採用甲州雞、豬則是使用當地頗受好評的湘南豬肉，充份表現出店家追求串燒美味的意圖。在商品方面，雞肉串燒有10種，豬肉串燒有6種，其他則通稱作「卷物」，另外，用青椒、番茄、麻薯等將豬五花包起來燒烤的串燒種類也準備齊全。每一種商品都是依部位別進貨，在店內處理乾淨後穿刺成串，以方便晚上的營業。雞肉串燒、豬肉串燒、以及卷物基本上都是用鹽燒方式提供。為了追求柔順的鹽味，店家所使用的鹽是由岩鹽、海鹽混和而成。適

卷物套餐
1090圓

（蘆筍卷、青椒起司卷、蕃茄卷、紫蘇卷、麻薯卷、蒜苗卷）

使用豬五花的卷物串。麻薯卷是用醬油與酒對半的醬料調味後作成，蒜苗卷則是放上味噌。

商店形象採用明治到昭和初期的懷舊設計。除藤澤北口店外還有大和本店、海老名店，共三間店鋪。

靠近手邊的位置炭火堆得較高，對面較低，如此可以創造火力高低，並全面活用烤網。

輕輕地撒鹽、以酒讓肉變軟等燒烤方式也絲毫不馬虎。所使用的醬料類似蒲燒的萬年醬，可讓雞肝容易入口。

度添加鹽分，可引發材料的美味。

另外，為了讓不愛吃雞肝和肥腸的人也能享用到這些部位的好滋味，店家提供了醬燒口味。雞皮烤過後可提升美味度，再搭配略帶甘甜，加了洋蔥、大蒜、粗砂糖、醬油等熬煮而成的醬汁，灑上七味辣椒粉享用。辣味與微甜口感恰到好處地合而為一，因此獲得極高的評價。醬料是用之前的部分追加製成，也就是所謂的萬年醬。另外，豬五花串以苦椒醬、豆瓣醬、大蒜等調和後，具有辛辣感的燒肉醬料來燒烤。加入蒜苗的卷物則是配上蒜頭風味的自家製味噌點綴，種種豐富的調味方式，顯示出店家在味道上下足了功夫。而年輕服務生活力十足的接待方式也讓料理更增添幾分美味，整間店在打烊前的人潮絡繹不絕。

■經營／株式会社サテ・バグース
代表取締役・坂本直樹

■店長・調理／松本裕機

■住址／神奈川縣藤沢市藤沢566
大沼ビル1階・2階

■電話／0466-25-9989

■坪數・座位數／20坪・40席

■營業時間／17時～24時

■全年無休

■預算／3000圓

以中低價位販售的超大型雞肉串燒，獲得20～30世代年輕客層歡迎！

東京・高圓寺
超大型烤雞
鳥貴族 高圓寺北口店

店內每種串燒都是2串280圓（未稅價），而且雞肉串燒1串的分量比平常多了一倍以上，非常物超所值的『超大型烤雞　鳥貴族』，意圖在關西與東京拓展店面生意。

鳥貴族85年在東大阪市以9坪大小的1號店起家之後，便以大阪為中心切實推展店舖經營網絡，並由此確立了基礎。接著於05年時達成進入東京發展的心願，在都內建立了8家直營店舖（07年4月止）。而當中的旗艦店便是高圓寺北口店。

就像是呼應「超大型烤雞」的店名般，頭一次到店內消費的顧客會先被端出的雞肉串分量嚇一跳。每1串居然都重達60g。而且每一盤都裝有2串，非常的夠分量。從雞肉串燒到其他料理、飯以及50種以上的飲料，全都以280圓為統一價格進行販賣。只要2000圓就可以吃飽喝足，讓食欲充分獲得滿足，因此在以大學生為主的20～30世代客層中獲得壓倒性的人氣。

不過，單只是價格便宜、分量大還不足以聚集這麼多支持者。店家的雞肉是採購自九州、四國、山陰等產地的新鮮

腿肉貴族燒

（上）香料　2串294圓
（下）醬汁　2串294圓

1串重達90g的招牌串燒。搭配蔥段燒烤，可從醬汁、鹽和帶有辛辣感的香料中挑選喜歡的味道食用。

採用可以縮短燒烤時間、火侯均等且能有效率地處理大量訂單的電氣加熱調理機。店家原創的醬料則由大阪發送各分店。

雞肉，低溫冷藏配送到各分店後再自行處理串刺；即使是連鎖店也像是個人經營的店家一樣重視手工作業。而能將新鮮素材的優點提引而出的鹽，還有使用在「貴族燒」上的香料，店家均以訂單方式向製造商下單，好讓所有分店的料理味道都能一致。至於所用的醬料則追求原創性，用新鮮蔬菜與水果充分熟成，並且研發出完全不使用合成防腐劑的產品。燒烤台則引進特別訂製，具有遠紅外線效果的高壓電器加熱調理機，既使是繁忙時段也可有效率地處理訂單。擁有吸引大阪人的好味道、低價位，再加上夠分量的整體銷售法，想必鳥貴族也能在東京打下一片市場。

除高圓寺北口店外還有中野、阿佐谷、荻窪等聚集眾多年輕人潮的中央線沿線分店，展開優勢支配戰略。

使用舊木頭和原木裝潢店面，漂著木頭香氣的設計不但讓人百看不厭、廣受歡迎，也節省了不少改裝費用。

醬燒

◎雞肉丸　2串294圓
◎雞皮串　2串294圓

雞肉丸是使用碎絞肉，在店內手工揉製而成。皮則是取自腿肉及頸子部分。以又甜又辣，味道均衡的醬料引出串燒好滋味。

鹽燒

◎雞胗　2串294圓
◎鹽燒雞心　2串294圓

鹽是委由工廠製造，自行開發的品牌。像雞胗、雞心等部位，每串的大小與重量均是相同的。

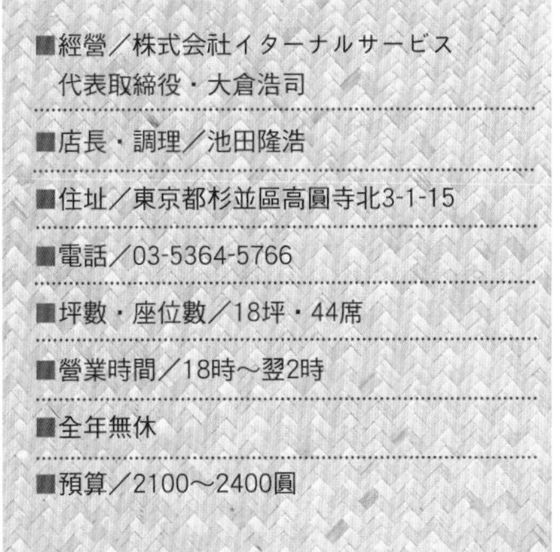

■經營／株式会社イターナルサービス
代表取締役・大倉浩司

■店長・調理／池田隆浩

■住址／東京都杉並區高圓寺北3-1-15

■電話／03-5364-5766

■坪數・座位數／18坪・44席

■營業時間／18時～翌2時

■全年無休

■預算／2100～2400圓

「鳥貴族的驕傲」中表示了經營理念。使用「全部280圓均一價」，這樣具有衝擊性的看版吸引顧客眼光。

能夠享受品嚐樂趣的菜單與高品質地雞的美味，讓雞肉串燒魅力高漲！

東京・銀座

銀座 うまや 弓町庵

三瀨雞　炭火燒

◎雞蔥串（醬）　1串300圓　◎雞肝（醬）　1串280圓　◎紫蘇梅里肌（鹽）　1串320圓
◎雞皮（鹽）　1串280圓　◎雞翅　1串320圓

從佐賀三瀨村進貨的「三瀨雞」味道層次豐富。為讓顧客清除口中殘留餘味，附上淋過醋醬油醬料的高麗菜。

總公司是位於福岡的JR九州フードサービス，而『うまや』便是由這間對食材極為講究的和食品牌所創設。うまや約10年前於博多創業，5年前開始計畫進入東京發展，在東京從這間銀座店開始，陸續開立了4間店舖。

『うまや』講究的，是採用九州各地特產食材經過簡單調理而製成的料理。其中最具代表性的，是以佐賀縣三瀨村培育的「三瀨雞」製作的炭火燒。

餵養米和大豆為主的穀物飼料，並採用開放式雞舍飼養80天的雞隻，具有豐富的滋味與火烤之後依然口感絕佳的特色。此外，雞肉還擁有許多含有linoleic acid等美味成分的脂肪。每天由產地購入，並以空運方式輸送已經分解完成的各部位素材，趁新鮮時穿刺成串。皮、肝、雞胗、腿肉、里肌、雞翅、雞心、頸肉、雞屁股等部位齊全，各種串燒都準備了80串，均當天售完，可見受歡迎的程度。雞肉串燒所使用的基本調味鹽，是飽含天然礦物質成分的海鹽；灑上薄鹽燒烤，能直接引出素材的美味。醬料則是原創特製，帶有微甘味。炭火燒的串燒除了可依照喜好一串一串點之外，也可組成店家推薦、展現

仿古代街道旁迎接旅者的驛家打造而出的店面入口。

由歌舞伎藝者市川猿之助監修、江戶時代京町家風的內部裝潢設計也是其魅力之一；有很多顧客是歌舞伎迷。

驛家雞肉丸7選

◎月見雞肉丸　1串380圓
◎香辣雞肉丸　1串380圓
◎芝麻雞肉丸　1串380圓
◎海濱雞肉丸　1串380圓
◎醬燒雞肉丸　1串340圓
◎鹽燒雞肉丸　1串340圓
◎大阪雞肉丸　1串380圓

雞肉丸做成一口大小，方便食用的樣子，捏成丸狀後串成一串。腿肉與胸肉混和製成的絞肉，口感良好。

使用紀州備長炭的燒烤台設置在廚房中。每種雞肉串燒都可從1串為單位開始點餐。

出精緻好味道的套餐組合。另外，最受女性團體顧客或情侶歡迎的，是名叫「驛家雞肉丸7選」的菜色。雞腿肉與雞胸肉製成的絞肉配上田舍味噌提香的雞肉丸子，除了有醬燒及鹽燒方式，還有添加半熟溫泉蛋的「月見」、醬燒後再以海苔捲起的「海濱」、灑上煎過的黑白芝麻「芝麻」、塗上苦椒醬為基底的味噌製成的「香辣」、塗上美乃滋的大阪燒風味「大阪」，共7種不同口味。獨特的調味和點綴的功夫，令串燒的樂趣倍增。

■經營／JR九州フードサービス株式会社
■店長／中村一雄
■調理／巻島和寿
■住址／東京都中央區銀座2-6-9
ジブラルタ生命銀座ビル8階
■電話／03-3538-3491
■坪數・座位數／78坪・89席
■營業時間／白天：平日11時～15時
週六日國定假日11時～17時
晚上：平日17時～23時30分
週五17時～24時
週六日國定假日17時～22時
■不定期休
■預算／6000圓左右

室蘭、東松山、今治的在地雞肉串燒風格以及獨自研發的特色名產串燒為攬客招牌

福岡・博多
元祖 竹炭烤雞串
はかた風土

就像漫步在日本北海道、室蘭、埼玉的東松山、愛媛・今治這些深具代表性的串燒地點，店中富有各地地方氛圍的串燒，並且使用全國少見的竹炭燒烤，『元祖竹炭烤雞串　はかた風土』這樣的經營方式獲得博多地方民眾的喜愛。

將脂肪含量相當多的豬五花和肝臟、大腸等部位，抹上濃醇的醬料燒烤並添加芥末調味的是室蘭燒；豬頭肉、豬舌、豬心灑鹽燒烤後，沾上特製辣味噌食用的則是東松山燒；將雞皮穿刺做成雞蔥串、細絞肉填入蓮藕後以鐵板翻炒，淋上微甜醬油的是今治燒。

可以在同時間內享用到傳承各地方已久，被稱為「三大串燒」的雞肉與豬肉串，是該店魅力之一。當然博多當地各式各樣的串燒商品也是不可或缺的。不論雞、豬、牛的橫隔膜，還是小腸等內臟都能做成串燒，這種風格就是博多特色。這些博多當地所喜好的串燒類型相當齊全。

另外，以醬料燒烤肝臟與卵管，並將卵黃掛在尖端一起食用，滋味沈穩的「自豪雞卵管」；將雞腿肉以連皮狀態分切成均等厚度的小塊穿刺成串，可品

(上) 北海道美唄內臟串 1串230圓

(中) 自豪雞卵管 1串200圓

(下) 風土流腿肉串 1串180圓

夾在雞皮與腿肉之間是卵黃、雞胗、雞心，以鹽燒烤調味，是北海道美唄常見的「內臟串」；而將軟嫩的卵黃以及肝臟和輸卵管等做成方便食用大小的是「卵管」；將皮烤得口感酥脆而肉鮮嫩多汁、風味絕妙的是「腿肉串」。

室蘭燒3串組合 430圓

(豬五花、肝臟、肥腸)

以濃厚醬料燒烤的豬肉串。夾入比長蔥容易熟且具有甜味的洋蔥，再添加味道刺激辛辣的芥末來享用的正是室蘭風格。

採用群馬的竹炭。以孟宗竹為原料的竹炭，容易點燃並且具有與備長炭一樣強度的火力。

嚐皮與肉絕妙調和，名為「風土流腿肉串」的串燒；該店研究開發了許多這樣的特有商品。燒烤雖然被認為只是將材料串起後火烤的簡單料理，但這間店卻一口氣讓串燒的世界拓展了許多。

燒烤完成的串燒放在特製的保溫盤中，是相當獨特的服務方式。盤中央放置著蠟燭的焰火，就算沒有立刻享用也不會變冷，是項貼心的服務。由於店面位在車站前競爭激烈的地方，60個座位會經過2～3次迴轉，在晚上7點到10點這段時間，若不事先預約是進不去店內的。受歡迎程度可見一斑。

■經營者／竹田修司
■店長・調理／谷口浩太郎
■住址／福岡縣福岡市博多區博多駅東2-4-17 第6岡部ビル1階
■電話／092-472-0210
■坪數・座位數／38坪・60席
■營業時間／平日17時～翌4時　週日・國定假日17時～翌1時
■全年無休
■預算／3500圓

店前放置著竹炭，昭示「元祖」地位。吧台前的材料櫃裡擺放已烤好的商品，吸引顧客點餐。

東松山燒3串組合　430圓

（豬頭肉、豬舌、豬心）

具有厚度的豬頭肉、豬舌等配上長蔥撒鹽燒烤而成。辣味噌是以苦椒醬為基底配上當地製味噌混和而成的特殊風味。

今治燒組合　1300圓

（川燒、雞蔥、蓮藕）

川燒是用雞腿及里肌肉混和後以鐵板燒烤，雞蔥是腿肉配上白蔥。附上甜醬料與高麗菜享用。

雞肉丸做成一口大小，方便食用的樣子，捏成丸狀後串成一串。腿肉與胸肉混和製成的絞肉，口感良好。

以備長炭燒烤且採用當天現宰新鮮雞肉，特殊食材種類豐富、品項齊全！

（照片左起）
◎腰帶（腰部的皮）　150圓
◎雞蔥串　150圓
◎雞肝　150圓
◎雞肉丸　150圓
◎食道　150圓
◎雞卵管　200圓

當顧客沒有特殊要求時，考量到食用的美味度，一般腰帶、雞蔥串、雞肝等皆以醬燒調味供應。

（照片左起）
◎雞屁股200圓　◎心血管150圓　◎緣側（橫隔膜）150圓
◎農家培根300圓　◎油壺200圓

心血管是將雞心連外部位做成串燒。農家培根則是塗上黑毛豬血，煙燻而成，醇厚的味道是一大特徵。

東京・池袋　西家金二郎　池袋店

東京・文京區音羽的人氣店『西家金二郎　本店』，在東京池袋地區開了2號店。場所位在JR池袋車站徒步行走約5～6分鐘的大樓2樓。充滿現代和風、氣氛寧靜的店鋪，以開放式廚房前設置的吧台座位為主要席次，內部則有包廂式的桌席。採購當天處理的新鮮雞肉，而一般店家吃不到的稀有食材，這裡也種類齊全，以備長炭燒烤供應顧客享用。

「我們每天都會到築地去，採購品質優良、各種部位的雞肉後，再處理成串燒。」店長境谷直人如此表示。

必備商品的雞肉串燒中，「雞蔥串」、「雞腿肉」、「雞肝」各150圓、「雞屁股」200圓、「雞翅」250圓等，共有16種品項。而稀少部位的種類也十分齊全，如「頸肉」、「腰帶（腰部的皮）」各150圓、「拳骨（膝軟骨）」200圓、「振袖（雞翅根部）」、「帶（雞腿根部外側）」各250圓。另外，配合進貨狀況，平常不太容易取得的「雞卵管」、「油壺」各200圓，且會以當天的限定菜色推薦給顧客。

（上）絕品和牛內臟煮　780圓
（下）炒牛蒡燉煮　550圓

「絕品和牛內臟煮」採用新鮮和牛的內臟、加上韭菜、豆芽菜、高麗菜做成。「炒牛蒡燉煮」特色在於牛蒡的嚼勁。

（上）肝醬餡餅　附外膜　880圓
（下）2色豆富　680圓

「肝醬餡餅　附外膜」是以新鮮雞肝手工做成。「2色豆富」盛裝配合時令的2種豆腐。

在客人面前用備長炭燒烤的動作，和冷藏櫃中整齊擺放的新鮮串燒，清楚展現在顧客眼前。

放置在桌面上的時髦器皿裡裝著辣椒、胡椒，顧客可隨各人喜好添加。

坐在吧台位子上，輕鬆愉快地享用美酒與串燒的女性顧客不在少數。客層從20多歲到上了年紀的都有，由此可見其人氣度。

所謂「雞卵管」是尚未產出，甚至還沒有蛋殼附著的卵黃和相連的輸卵管。「油壺」則是將雞整理羽毛時分泌油脂，尖端突起的部位收集而成的串燒。另外，為了能夠讓大眾能享受到串燒素材最棒的味道，顧客沒有特殊要求時，「雞蔥串」、「雞腿肉」採醬燒；「拳骨」撒鹽調味、「雞屁股」用的是奶油、「緣側」則附上黑胡椒供應。

在副餐菜單中的單品料理種類也極多，如「肝醬餡餅　附外膜」800圓、「絕品和牛內臟煮」780圓等。酒精飲料以芋燒酒、純米酒、本格梅酒為主。芋燒酒兌水後溫熱名為「銚釐溫酒」650圓的價格深受好評。

■經營／株式会社てしごとや
■店長／境谷直人
■調理／山下　洋
■住址／東京都豊島區池袋2-41-2 葉山ビル
■電話／03-3971-1821
■坪數・座位數／30坪・36席
■營業時間／17時～23時30分
■全年無休
■預算／4000圓

西家金二郎 本店／東京都文京區音羽2-11-19
03-3943-3238

販售製作費工費時的新鮮雞肉串燒與料理
深深獲得當地顧客的熱烈支持！

東京・池上
炭火燒烤
てっぺん池上店

在私鐵沿線的站前商店街開業，並且聚集了廣大客層支持的『炭火燒烤 てっぺん池上店』。位在東急池上線池上車站附近，徒步3～4分鐘路程的商店街一隅，平日光顧的是在附近公司上班，結束工作後要回家的上班族；而週六、日則是以帶著小孩的家族顧客為主要族群。該店的魅力在於用心製作便宜且分量十足的商品，而且種類豐富。

作為招牌商品的串燒，使用新鮮雞肉。採購雞腿、雞胗、雞肝、雞翅等部位，自行除去多餘脂肪與筋膜，仔細處理成串燒後再用備長炭燒烤出美味狀態。固定商品的雞腿肉「雞肉」、「雞皮」各1串84圓，「雞肝」、「雞胗」、「雞心」各1串105圓，「雞肉丸」、「雞蔥串」各1串126圓，「雞翅」1串157圓等。雖然採用鹽燒方式可品嚐素材原味，但為了讓顧客也能嚐到自己喜好的味道，同時也為了能夠搭配食材，所以像「雞肝」就採用加入各種材料自行製作的麴味噌、「雞皮」配上檸檬薄切片、「雞肉丸」則搭配自家製的塔塔醬，「雞肉」附上芥末佐料來讓顧客享用。

放置在每張桌上的菜單全彩印刷、一目瞭然，吸引顧客點餐的欲望。

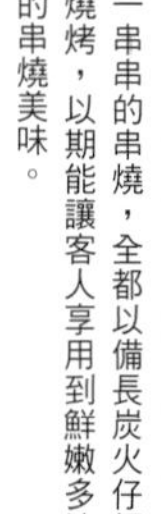
一串串的串燒，全都以備長炭火仔細燒烤，以期能讓客人享用到鮮嫩多汁的串燒美味。

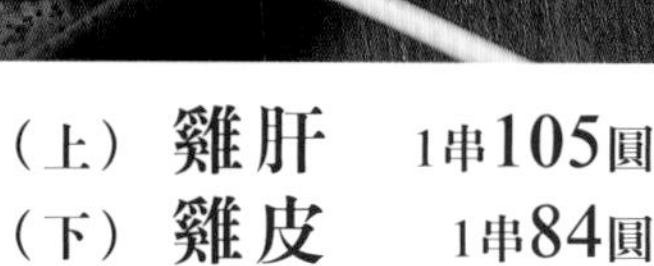
(上) 雞肝 1串105圓
(下) 雞皮 1串84圓

以2串為點餐基本單位。雞肝添加以麴味噌為基調的獨創味噌。雞皮則配上檸檬薄切片後供應。

(上) 雞肉丸 1串126圓
(下) 雞肉 1串84圓

以2串為點餐基本單位。雞肉丸搭配自家製的塔塔醬。雞肉添加芥末，讓顧客可以隨個人喜好食用。

其中最受歡迎的是標榜「手工製」的「雞肉丸」。採購雞頸肉部分的粗絞肉，在店裡進一步處理，讓肉質更柔軟，加上各種調味後製成丸子串，可依照顧客喜好以鹽燒或醬燒方式處理。

串燒之外，料理與主食部分的菜色也很充實。料理有「雞肉仙貝」、「高湯蛋捲」各399圓，「天邊沙拉」609圓是推薦商品。主食方面，有「最強親子丼」附上味噌湯609圓，「雞骨拉麵」525圓，「雞骨烏龍麵」609圓等等。週六、日時段，爸爸吃串燒配酒，而小孩子可以吃親子丼或拉麵，因此家族顧客非常多。

■經營／大川啓典
■調理／大川啓典
■住址／東京都大田區池上7-6-2
池上レジデンス1F
■電話／03-3751-8781
■坪數・座位數／15坪・24席
■營業時間／17時～翌1時（24時LO）
■公休日／週二
■預算／1500～3000圓

（上）**天邊沙拉　609圓**

（下）**雞肉仙貝　399圓**

天邊沙拉是用萵苣、迷你萵苣、海帶芽、玉米、海雞，配上獨有的調味醋作成。細絲狀的馬鈴薯經過油炸，放入盤中妝點得像座小山。

雞肉仙貝是將雞腿肉以桿麵棍桿平，用鹽、胡椒調味後油炸。一次大量炸好後，應顧客點餐，再油炸過一次，可品嚐熱騰騰的美味。

周邊為住宅區，就算是日間也鮮少有人通行。店內的牆上，貼有數張菜單ＰＯＰ。

店頭貼著附有彩色照片的菜單ＰＯＰ，向經過的路人促銷〝炭火燒烤〞。

酒精飲料從啤酒到沙瓦、雞尾酒、葡萄酒、燒酒等豐富種類應有盡有。燒酒的寄存服務也獲得好評。

採用平田牧場直送的「三元豬」串燒，以及當天現宰「那須雞」的雞肉串燒，魅力十足！

雞肉串燒

（右上起順時針方向）◎雞腿　242圓　◎雞胗　210圓　◎雞肉丸　242圓
◎雞屁股　189圓　◎雞心　189圓　◎雞皮　189圓　◎白肝　242圓

採用的是在那須高原上經過80天以上放養，只吃無添加飼料的〝那須地雞〞。並且只用當天處理的新鮮雞肉。

以紀州備長炭的炭火燒烤，可以享受到材料最棒的味道。

專賣香辛料老店「高梨」的特製七味粉，可讓顧客憑各自喜好享用。

以在附近公司工作的上班族為主，客層廣泛。20多歲到50多歲的顧客相當多。

東京・五反田

豬肉串燒、雞肉串燒、燒酒

黑提灯　五反田

以「江戶時代的黑暗酒場」為主題，標榜對「豬肉串燒」、「雞肉串燒」、「燒酒」都非常講究而擁有高度人氣的『豬肉串燒、雞肉串燒、燒酒　黑提灯　五反田』。店面位在靠近ＪＲ山手線五反田車站附近的地下１樓。入口處懸吊著漆黑的大型提燈迎接客人。

招牌商品的豬肉串燒，是使用山形平田牧場直接運送「三元豬」的「五花肉」作成、２３１圓，其他「群馬麻吉豬」的「豬胃」、「豬心」各１８９圓，「豬直腸」、「軟骨」各２１０圓，「豬Toro」２３１圓，「豬舌」２６３圓，品項豐富。「三元豬」非常稀少，只有平田牧場培育，可說是相當罕見的夢幻珍品。細緻的肉質、具有彈性與香醇甜味是其特徵。

而另外一項雞肉串燒，堅持採用當天現宰地雞「那須雞」。在那須高原經過80天以上的時間放養，只吃無添加飼料的雞隻，其豐富的肉汁與軟嫩口感是特色之一。商品從１８９圓的「皮」、「雞屁股」到２１０圓的「雞胗」、「雞軟骨」，２４２圓的「白肝」、「雞肉丸」等共９種。其他還準備了使用當季蔬菜的「香菇」、「小青椒」、「大蒜」各１

地下入口處懸吊著店家象徵的漆黑提燈，迎接上門的客人。

本格燒酒「黑千代加」 1029圓

提供薩摩獨特的燒酒用酒器的本格燒酒。兌水後放在甕中熟成以黑千代加之名提供給客人。

筷袋上以每個人都懂的插圖方式，介紹豬肉串燒與雞肉串燒的部位。

豬肉串燒

自照片右上順時針方向

◎豬Toro	231圓
◎豬舌	263圓
◎豬五花	231圓
◎豬五花	231圓
◎軟骨	210圓
◎豬頭肉	231圓

使用只有山形平田牧場飼育，並被當作夢幻豬的「三元豬」。肉質具有彈性，脂肪香醇甘甜是其特徵。

89圓的商品。蔬菜是由簽約農家直接進貨的無農藥蔬菜，並依季節轉變從各採購處嚴格挑選。每一種串燒均使用紀州備長炭燒烤，以讓顧客品嚐到素材的美味。

該店同樣也很重視鹽與七味辣椒粉。鹽採用石垣島的珊瑚礁所孕育，具有許多礦物質成分的自然海鹽，以營養豐富的海水為原料，緩慢低溫乾燥而成。七味辣椒粉則是老店中專門販售辛辣物的『高梨』特製七味，些微刺激的辛辣感中帶有獨特風味。

串燒以外也有像是特產雞料理「本家地臟鍋」和特產豬料理「成吉思汗豬肉鍋」等，各種類型豐富的料理。

■經營／株式会社ダイヤモンドダイニング
■店長／割田陽介
■調理／加賀谷士道
■住址／東京都品川區東五反田
1-14-14北原ビルB1
■電話／03-5447-2780
■坪數・座位數／約40坪・72席
■營業時間／
週一～週六17時～翌4時（翌3時LO）
週日、國定假日17時～23時30分（22時30分LO）
■全年無休
■預算／3000圓

一年用20種銘柄雞、47種不思議商品大集合，當日現宰新鮮雞肉廣受歡迎，氣勢銳不可當！

東京・龍泉

龍泉 銘雞雞肉串燒 鳥仙

「我想本店說不定是日本串燒種類最齊全的店了吧」，如同店長金子貴幸所說，以47種壓倒性的商品數量與齊全的種類吸引顧客的就是『龍泉 銘雞雞肉串燒 鳥仙』。店家原本經營雞肉專賣店，以其採購能力與處理留有內臟全雞「食用雞處理衛生管理者」的資格，再加上金子店長活用他的技術，創造出了這一間無與倫比的雞肉串燒店。

47種品項當中並沒有易於變化的創作串燒，而是如同字面所述，全由「雞肉」構成，其他只備有幾種蔬菜串而已。店長運用專業知識，讓每隻雞的各個部位都得到充分利用，並且將各式各樣的部位商品化。特別是每天只供應少數幾串，命名為「珍味串燒」之類的名物商品，共有25種可供選擇，讓「喜好珍奇滋味」的顧客能開心享用。

比方說，每天只有1～2串的「喉笛（氣管）」、「目肝（脾臟）」、「白子（精巢）」。以及保有雞頭的全雞才能提供的「雞冠（肉冠）」、100隻中只有1隻，數量超級稀有的「白肝（雞的肥肝）」等等。

金子店長具有u食用雞處理衛生管理者v資格，以專業證照功夫開發各種部位的串燒商品。

串好的產品放入吧台內的材料櫃，以壽司店的木牌風格揭示各銘柄。

珍味串焼

一日数本しかとれない珍味

砂肝がわ	(砂肝の中間筋)	160円
せんい	(ゼン胃)	160円
せにく	(ザコツコウの肉)	210円
うちもも	(ヒザに隣接してる肉)	210円
せぎも	(ジンゾウ)	160円
はらみ	(フクシャ筋)	160円
つぼ	(尾セン)	160円
すじ	(ヒザの大筋)	210円
あつかわ	(腹皮)	210円
しろ	(クウチョウ)	210円
のどぶえ	(キカン)	160円
めぎも	(ヒゾウ)	160円
もみじ	(足のヒラ)	160円
かんむり	(ニクカン)	160円
とりがつ	(ソノウ)	210円
きんかん	(成熟卵ボウ)	160円
ちょうちん	(卵ボウ+卵管)	210円
はつもと	(はつの付根)	210円
はつひも	(はつの動脈)	160円
はごいた	(コツバンの肉)	160円
にくすじ	(首の下肉)	160円
とうがらし	(三頭筋)	210円
白子	(セイソウ)	210円
白きも	(鶏のフォアグラ)	250円

※珍味串焼の中には毎日とれない物もございますのでご了承下さい。

「珍味串燒」的訴求為將每天只有少數幾串的稀少部位與常見的商品做出區別。

將家中經營的專賣店改裝，分隔出一半區域做成串燒店面。店面裝潢簡單大方。

伏兵飯（大）　1500圓

先吃一口，接著再混和淺蔥和芥末食用，最後淋上雞湯再吃；可一次品嚐3種滋味的雞肉飯。

「磯自慢」、「十四代」等量少價高的地酒也大半蒐羅在內，形成獨特吸引力。

「玉子」做成半熟狀態，展現特殊性，顧客可享受到蛋黃在舌尖化開的觸感。

雞加味沙西米　680圓

將雞胸肉與里肌肉稍微汆燙，浸泡在調味料中3小時而成的沙西米。這樣令人想配上一杯酒享受的一道料理，也十分受歡迎。

調味方面也因部位差異而分別使用鹽燒與醬燒方式，例如「雞胃（嗉囊）」、「雞腸（小腸）」、「壺（尾腺）」等，以浸過辣椒的醬油進行醬燒，再配上白蔥。而「雞翅」、「雞冠」、「肥肝」等則是以薄鹽鹽燒再沾上酸桔醋蘿蔔泥。店家用心下功夫要引出「雞肉」最大限度的美味，其講究之處甚至在辛辣口味的商品上採用高級品「黑七味」。

雞肉方面，銘柄雞與地雞並用，以確保能穩定供給稀少部位。櫪木的錦雞、那須高原雞、山梨的甲州健美雞、宮崎的日向赤雞等，通常都是在其肉質最好的時候一次採購3～4種，一年間用上20種銘柄。其中甲州健美雞是當日現宰，鮮度超群的商品；店家充分發揮雞肉專賣店的專業，追求獨特的商品魅力；開業至今已第四年，現在仍舊氣勢如虹。

■經營／鳥仙商店

■店長・調理／金子貴幸

■住址／東京都台東區龍泉3-10-10

■電話／03-3875-4130

■坪數・座位數／12坪・19席

■營業時間／18時～23時

■公休日／週日、國定假日

■預算／3000～4000圓

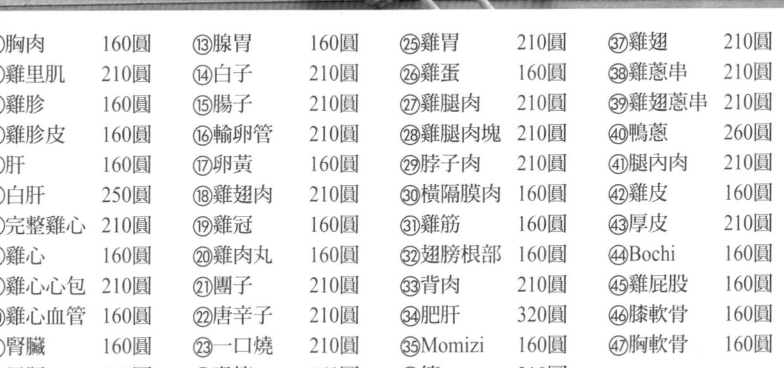

①胸肉	160圓	⑬腺胃	160圓	㉕雞胃	210圓	㊲雞翅	210圓
②雞里肌	210圓	⑭白子	210圓	㉖雞蛋	160圓	㊳雞蔥串	210圓
③雞胗	160圓	⑮腸子	210圓	㉗雞腿肉	210圓	㊴雞翅蔥串	210圓
④雞胗皮	160圓	⑯輸卵管	210圓	㉘雞腿肉塊	210圓	㊵鴨蔥	260圓
⑤肝	160圓	⑰卵黃	160圓	㉙脖子肉	210圓	㊶腿肉肉	210圓
⑥白肝	250圓	⑱雞翅肉	210圓	㉚橫隔膜肉	160圓	㊷雞皮	160圓
⑦完整雞心	210圓	⑲雞冠	160圓	㉛雞筋	160圓	㊸厚皮	210圓
⑧雞心	160圓	⑳雞肉丸	160圓	㉜翅膀根部	160圓	㊹Bochi	160圓
⑨雞心心包	210圓	㉑團子	210圓	㉝背肉	210圓	㊺雞屁股	160圓
⑩雞心血管	160圓	㉒唐辛子	210圓	㉞肥肝	320圓	㊻膝軟骨	160圓
⑪腎臟	160圓	㉓一口燒	210圓	㉟Momizi	160圓	㊼胸軟骨	160圓
⑫目肝	160圓	㉔喉笛	160圓	㊱筋	210圓		

47種具有壓倒性數量的商品相當吸引顧客。也有1天只有1～2串的少量商品，鹽燒、醬燒、醬油燒之外，還有可沾酸桔醋蘿蔔泥食用的產品。

(照片前方左起)
◎豬頭肉　100圓
◎豬舌　100圓
◎牛肉串　140圓
◎牛排串　190圓
◎胸肉軟骨　130圓
◎雞蔥串　130圓

(照片後方左起)
◎雞翅　160圓
◎精力串　110圓
◎順遂串　190圓
◎青椒起司串　190圓

在桌上架設烤爐，顧客可自行燒烤，這種表演性質很大的銷售方式廣受歡迎。通常顧客會一併點一盤使用了1/4個高麗菜的「脆甜高麗菜」110圓，喝口啤酒潤潤喉，沈浸在〝串燒師傅〟的氣氛中。

在桌上設置爐火，讓顧客自行燒烤，表演效果絕佳的「自助式料理」串燒店！

東京・石神井公園

スマイリー城

「雞肉串可自行燒烤 備長炭」的宣傳文句，讓『スマイリー城』即使位在人潮較少的住宅區一樣生意興隆。

在客席上架設了和「師傅」使用的燒烤台一樣的烤爐，客人可以一邊感受炭火的熱度，一邊在燒得火紅的備長炭上擺放生雞肉串，並逐個確認火侯再翻面，以團扇調節火力。當雞肉串表面浮出的油脂開始滴入炭火的時候，煙氣一口氣大量冒出，而當這些大量的煙氣被頭頂的抽風機吸出的時候，肉汁滿溢、鮮嫩無比的雞肉串燒就完成了。

串燒完成的時候客人感受得到如同熟練的燒烤師傅那樣高昂的成就感，並能充分享受自己燒烤雞肉串的樂趣。

菜單上除了9種雞肉串燒與5種豬肉串燒外，另有「牛排串」、「牛肉串」2種牛肉串燒，「精力串」、「順遂串」、「青椒起司串」3種比較特別的串燒，以及4種蔬菜串燒，組成豐富的變化。

廚房接到點單之後會將生雞肉串裝盤，以噴霧器噴些酒後送往顧客桌。「地雞腿肉」、「雞腿蔥串」、「精力串」等肉質柔軟適合與醬料搭配的商品採用醬燒，其他的雞肉串則推薦鹽燒調味。

位在人潮較少的住宅區，但卻呈現顧客群集的盛況，也因此在店門設置了客席因應。20坪・66席月收可達450～500萬圓。

鹽燒用的鹽巴用小碟裝、醬燒用的醬料則以啤酒杯提供，可讓顧客自行調味後用備長炭將肉串烤得鮮嫩多汁。

店面前身是經營販售進口車生意的，店家將門前的停車場改裝並設置店面開立串燒店。之後以自行增建方式拓展規模，6年前移往現址。

「久保田」共有5種，蒐羅酒的品級做出商品差異性。920圓的〝千壽〞是最受歡迎的一種，而1760圓的〝萬壽〞則緊跟在後。（照片為未稅價）

也設有普通的燒烤台，因應吧台客與外帶的需求。

鹽燒的情況下是用顆粒較粗的九州岩鹽，撒在表面上再進行燒烤。而醬燒則是不灑鹽，單純烤好後塗上醬料過火讓醬料收乾。

爐火設置在其中4張桌子上，其他3桌與吧台座位的顧客則是點用燒烤台調理而出的串燒。油脂豐厚容易生煙的「雞皮」、「順遂串」、「青椒起司串」等也是由工作人員在烤台上燒烤後供應，臨機應變的處理方式讓顧客能夠吃到美味料理。

另外，店中還準備了地方特產酒：「久保田」的百壽、千壽、紅壽、碧壽給顧客。能在串燒店裡品嚐到正宗的特產酒，讓喜好日本酒的顧客滿心歡喜。

■經營／株式会社スマイリー城

■店長／櫛田干城

■調理／櫛田幸穗

■住址／東京都練馬區石神井町2-9-13

■電話／03-3995-3689

■坪數・座位數／20坪・66席

■營業時間／16時～翌1時

■公休日／週日

■預算／3000圓

在串燒街中，「東松山風」的豬肉串燒採用方便的外帶型態獲得顧客支持！

琦玉・東松山市以「串燒街」著名。在這個東松山市內只要提到「串燒」指的就是「豬肉串燒」，當中以採用豬頭肉特別有名；另外，此地豬肉串燒沾味噌醬料食用是一般常識。用輕鬆的外帶方式將這樣的東松山特產供應給顧客，並且以琦玉縣為中心開立了14間店鋪（平成19年4月底止）的就是㈱ひびき。

這間公司除了有路邊店面、超市內的『豬肉串燒　ぼたん』和百貨公司內的『雞肉串燒　ひびき』外，同時保有2種經營型態的最新店鋪便是『豬肉串燒　ぼたん　川越市車站店』。

店內菜單並不侷限於豬肉串燒，也準備了雞肉串，種類相當多變。豬肉串燒為鹽燒，雞肉串燒則以醬燒方式提供。豬肉串燒採用琦玉縣產「彩之國黑豬」的「黑豬肉串燒」和「黑豬五花串」、「特選豬頭肉（青森產）」。雞肉串燒則以「特選雞腿串」、「雞蔥串」、「雞肉丸子串」等構成。「黑豬五花串」、「特選豬頭肉」是鹽燒之後沾辣味噌食用，另外「黑豬五花串」則是用鹽、胡椒調味後沾辣味噌醬料食用。

（照片上至下）
◎雞肉丸串　126圓
◎雞蔥串　126圓
◎特選雞腿串　158圓

（照片上至下）
◎黑豬五花串　210圓
◎特選豬頭肉（青森產）　168圓
◎黑豬肉串燒　210圓

豬肉串燒採鹽燒，並附上辣味噌；雞肉串燒則採醬燒。東松山的名產不只有豬肉串燒，也應廣大顧客要求供應雞肉串燒。

從家庭主婦到工作結束返家的上班族、學生、老年人等，每天有各式各樣的顧客光臨。將商品擺放在具溫度調節功能的保溫櫃中銷售。

琦玉・川越
豬肉串燒 ぼたん
川越市車站店

豬肉串燒的長蔥基本上是選用琦玉縣產的有機栽培或減農藥生產的產品，與「彩之國黑豬」的豬肉一樣，以「縣產縣銷」為當地銷售訴求。並且在公司網頁上公開豬肉與長蔥的生產流通歷程、公布自家工廠處理的豬肉串、雞肉串加工歷程等等，積極的整合經營為求顧客吃得安心，並建構出安心商品的形象。

此外，為了達到小規模店鋪效率一致化的要求，店家引進了將串燒夾在機器臂上繞行一周後便可藉由遠紅外線火力將兩面燒烤均勻的「全自動串烤機」。店鋪也在外觀上以時尚的黑色為整體設計，店內則採用予人溫暖感覺的木紋裝潢，同時兼具親切與格調的設計讓吸引力更上一層。

■經營／株式会社ひびき・日疋好春
■店長・調理／竹花大志
■住址／琦玉縣川越市六軒町1-1-1
■電話／049-223-4823
■坪數・座位數／5.5坪
■營業時間／11時～21時
■全年無休
■ 預算／800圓

使用「全自動串烤機」，讓豬肉串燒可以有效率地燒烤均勻。機器手臂夾著串燒繞過一圈後外皮酥脆，內層軟嫩的豬肉串便完成了。

店面以黑色為主體的風格設計，搭配具有菜單照片的看板，吸引顧客購買。商品以小盤盛裝。

位在東武東上線川越市車站前。乘客眾多，附近有3間女子高中，是可簡單運用口頭宣傳的地點。

搭配豬肉串燒的辣味噌醬料也作成特產商品販賣中。重現60年前創業時口味的「復刻」、與現在店內使用的「密傳」、些微辛辣的「辣味」3種為一組。

絕對堅持鹽、醬料、雞肉的高品質，高級地雞「薩摩」的魅力包含在串燒中！

（照片左起）◎雞皮　250圓　◎雞蔥串　250圓　◎特製鹽味雞肉丸　250圓

是雞肉串燒中最受歡迎的3種商品。全以鹽燒方式供應，配上芥末醬料與辣味噌醬料享用。

（照片左起）◎雞肝串　250圓　雞胗串　250圓　雞心串　250圓

因為材料新鮮，內臟類的雞肉串燒也很受歡迎。將琦玉地雞珠薩摩特殊化並開發成商品，打出獨特性。

東京・神樂坂
考究的薩摩居酒屋
あさくさ屋

沈迷於「雞的藝術」並在店名也如此宣稱的『考究的薩摩居酒屋淺草屋』，懷著絕對的自信要推薦給顧客的是琦玉縣地雞「珠薩摩」。銘柄雞本身的好品質在經過該店特別要求的180～200天養育期成長，加上店主親自到雞肉處理廠挑選之故，因而可提供每天當日現宰的雞肉，對新鮮度的要求也絕不放鬆。在店中可以輕鬆享受如此講究的珠薩摩雞肉串燒，還可以作為沙西米、鍋物料理，廣泛的料理口味更能充分品嚐薩摩雞的魅力。

雞肉串燒全採用鹽燒方式供應。加上「雞蔥串」、「雞皮串」、「雞肝串」、「雞胗串」、「雞心串」，雞肉丸也有「特製鹽味雞肉丸」，以新鮮鹽燒處理。所採用的是沖繩的鹽，並將昆布浸泡在酒裡蒸煮加入鹽後，用3小時時間煎乾，2天1次以平底鍋翻炒得酥鬆。

雞肉串燒上桌時以芥末醬料與辣味噌醬料做搭配，也是該店的特徵之一。芥末醬料是在芥末中加上鹽、檸檬、葡萄酒等混和而成，雞肉串燒只要稍微沾一點就能增添滋味深度。辣味噌醬料是用八丁味噌與紅味噌配合各種調味料製作而成，像「雞皮串」等以鹽、胡椒調

店中座位由舒適的桌椅構成。木紋質地為基調，氣氛溫馨的裝潢令顧客心情放鬆。

沉迷在珠薩摩地雞中已有10年。經營者小西憲三郎加盟了「珠薩摩普及協議會」，推廣這種美味。

考量到適合搭配雞肉食用而調製的芥末醬料，只要稍微沾一點，就可享受衝鼻的刺激感。

(後) 沙西米組合　980圓
(前) 雞肉丸沙西米　610圓

「沙西米組合」是雞腿肉、雞胸肉、里肌肉3種組合而成。「雞肉丸沙西米」則是以雞胸肉、里肌肉做成肉團，揉出黏性做成丸子狀雞肉沙西米。

每隔一天直接從雞肉處理廠採購珠薩摩。將已經處理好的雞隻冰鎮，2個小時半後在店內支解，以提供鮮度最佳的商品給顧客。

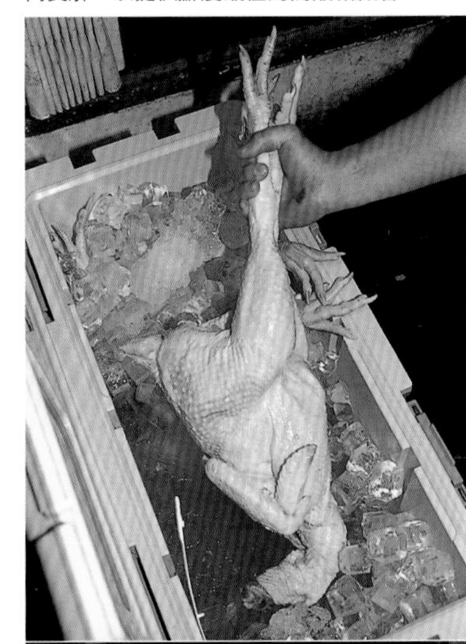

薩摩壽喜鍋
1人份1580圓
(照片為2人份)

使用大量雞腿肉的薩摩壽喜鍋。基底醬汁耗時費工的味道十分特別，很受歡迎。吃完之後，在鍋中打個蛋淋在白飯上，這種「親子丼組合」370圓也獲得好評。

味的燒烤沾點這種醬料更能引出美味。店家以這種特有的醬料讓已經很美味的串燒更添一層口感，同時開發了串燒的另一種享用樂趣。

顧客以30～50世代為中心，男性顧客約佔了7成。先來上一盤珠薩摩沙西米下酒，再來點些招牌串燒解饞。接著點個一年到頭供應的「薩摩壽喜鍋」、「薩摩團子鍋」等鍋類作為結尾的客人佔了大半。

提到薩摩專賣店的話，很容易讓人覺得走得是高級路線，不過該店以雞肉串燒為中心，傳達了大眾化的信念，讓薩摩雞得以成為容易親近、享受的食物。「以雞肉串燒為契機，讓顧客能接觸薩摩雞的美味」。為推廣這等美味，店長可說全力以赴。

■經營／サンエーライフサービス株式会社
■店長／谷中田明義
■調理／小西憲三郎
■住址／東京都新宿區神樂坂2-13-2 ホームズ飯田橋B1
■電話／03-6279-0448
■坪數・座位數／37坪・68席
■營業時間／平　日：11時30分～14時30分 17時～24時
週六日：11時30分～24時
■全年無休
■預算／4000圓

巧妙融入法國料理精髓，採用「西洋單品料理」感覺供應的新潮串燒！

東京・湯島
桃狼

累積鑽研法國料理的經驗，並將烹調技術運用到串燒上，創造出特有魅力的『桃狼』。這間店中，可以豬肉串燒和生魚片下酒，採用輕鬆的「赤提燈」（譯註：居酒屋的另一種稱呼）來經營，此外，商品味道具有多種變化，因此形成強大的銷售力。

在一般店家中多半使用冷凍肉品來作的豬肉串燒，桃狼堅持肉的品質，使用生鮮豬肉並以備長炭進行燒烤。添加的鹽與香辛料是具有辛辣與酸味的西洋芥末與味道醇厚的布列塔尼鹽花；商品都使用十分特殊的法國材料。豬肉串燒也種類豐富，有「豬五花」、「Toro豬」、「軟骨」、「豬心」、「豬肝」、「肥腸」、「豬舌」、「豬頭肉」、「特製丸子」等，令人百吃不厭的內容很得顧客歡心。

豬肉串燒再加上牛肉串燒，充實的商品數量為其特色，由「上腸」、「胰臟」、「毛肚」、「真胃」等內臟類組成，非常高明的抓住喜好豬肉串燒「愛好內臟」的顧客心情。另外，也供應沙朗外側的部位，配上蘿蔔泥、酸桔醋、萬能蔥，灑上柚子胡椒上桌。將各種貴重部位做成串燒，不但讓菜色更加多變，也使自家與其他店家做出明顯區分。

（照片左起）◎豬五花　150圓　豬心　150圓　◎豬肝　150圓　◎豬舌　150圓　◎軟骨　150圓

可選擇鹽燒或醬燒方式，加上西洋芥末與布列塔尼鹽花享用。串燒計有10種。

鴨肉串（鴨蔥串）
350圓

使用法國產的綠頭水鴨與Challandais鴨，做成豪華的鴨肉串燒，於11～4月的野禽季節供應。烤好後沾上味醂可引出甘甜味道。

豬肉與牛肉是從芝浦的屠宰場每週2～3次運送而來，並且只採購生鮮肉品。包括鴨肉在內，每種材料的新鮮度都是賣點。

另外還引進季節性商品，像冬天有「鴨串（鴨蔥串）」、「鹿」等運用法國料理食材的串燒。春天則有「螢烏賊串」等商品供顧客享用。

所準備的蔬菜串燒種類數量也很多，基本作法為使用「佩可洛司洋蔥」、「玉米筍」等西洋蔬果塗上沙拉油後燒烤。變化豐富的肉類串燒以「西洋單品料理」風格製作，蔬菜串燒則採整體搭配方式供應。串燒之外，還有「網烤和牛沙朗」、「小羊炭火燒」等活用燒烤爐的料理，而生魚片料理有「虎魚」、「關鯖」、「螺貝」等引人注目的品項，在在強烈誘惑著挑剔的饕客。

■經營／有限会社ビッグシティ東京
■店長・調理／武藤公良
■住址／東京都文京區湯島2-31-17
■電話／03-5684-2686
■坪數・座位數／16坪・50席
■營業時間／17時～24時
■公休日／週日、週一的國定假日
■預算／3000圓

炭火燒烤引出素材的原味。形式雖是串燒，卻提供"西洋單品料理"風格的商品。

牆上有串燒與生魚片的菜單組合，以炭火燒烤的西京燒和乾貨等料理名稱則固定在旁。

給人復古情懷、裝潢簡單的店內設計。2樓也設有座位，供宴會顧客使用。

（照片左起）◎上腸　150圓　◎真胃　150圓　◎胰臟　200圓　◎毛肚　200圓

小腸的「上腸」、意指胸腺或胰臟的「sweetbread」、第一胃「毛肚」、第四胃「真胃」，牛肉串燒也多由內臟類構成

①小馬鈴薯	150圓	②蘆筍培根	200圓	③玉米筍	150圓
④蕃茄	150圓	⑤香菇	150圓		
⑥佩可洛司洋蔥	150圓	⑦螢烏賊串	200圓		

以法國料理常見，具搭配整體感覺供應的西洋蔬菜串燒。產季時也供應螢烏賊串燒。

沙朗背側　300圓

和牛沙朗的背側，只有這等分量大小，做成牛肉串燒。配上蘿蔔泥、酸桔醋、萬能蔥清爽不膩。

美味樂趣加倍延伸的創作串燒

串燒只是一種將材料以燒烤處理的簡單料理。不過近年來可使用的食材越來越多樣化，因此可採用數種材料做出組合；同時也可從中發現卷和包覆的造形樂趣，以及追求獨創口味的功夫。在此聚集了這類具有高度創作性的串燒料理。

香料羊肉串　609圓

以中國朝鮮族食用的羊肉串燒進行改良。沒有羊肉特有的羶味，使用肉質柔軟的小羊肩腰肉，再將微甜辣椒粉和荏胡麻粉、小茴香粉等10多種香辛與調味料綜合而成的香料揉進肉裡燒烤，充滿野趣的滋味。

牛五花荏胡麻串燒　756圓

牛肉結合香味蔬菜後燒烤的韓式串燒。將脂肪均勻分佈的和牛五花肉切成薄片，包裹住切好的荏胡麻葉，然後切成一口大小後以鐵串穿刺，沾上烤肉用醬料燒烤。沾著稍微炒過的荏胡麻粒食用。

豬肋煙燻燒烤　714圓

如同煙燻製品般的風味以及令人喜愛的茶褐色澤，是一道極為引人食欲的串燒。千葉縣產的銘柄豬「麻薯豬」的豬肋肉以櫻木碎塊輕微煙燻後，分切成容易入口的大小，接著以特製的金屬串叉上，用鹽、胡椒調味之後燒烤。配上芥末醬食用。肉重達90g。

長腳章魚串燒卷　924圓

將長腳章魚其非常長的觸手捲在2支竹筷上，這樣的外型令人印象深刻。這種章魚在韓國是相當普遍的食材，除串燒之外也有沙西米和鍋類料理。將觸手以鹽充分搓揉，去掉黏液後，用添加韓國竹鹽的胡麻油燒烤，再搭上韓式辣醬基底的味噌。

和韓海鮮・串燒　每水

□地址／東京都港區新橋2-9-4　ファーストホテルヨシカワB1　□TEL／03-3592-0230
□經營／株式会社スリーシーエス　ホテル＆レストラン
□調理／田中道章

食遊Dining　**伊菜せ家**

□地址／東京都目黑區中根1-1-7　2階　□TEL／03-5701-8368
□經營・調理／川上富士男

火烤圓筒雞肉塔 配塔塔醬　780圓

盛裝方式像高塔一樣，十分吸引顧客目光的西洋風串燒。使用鮮美的大山地雞雞腿肉，將皮烤得酥脆後，用培根裹起並用烤箱烤過。在顧客點菜的時候切成容易入口的大小，稍微火烤，夾入自家製的塔塔醬後再串成一串。像是沙拉一樣添加許多蔬菜，很受顧客歡迎。

舞茸與新鮮莫札雷拉 起司肉卷　780圓

豬五花、舞茸、綠蘆筍組合而成的肉卷包裹住莫札雷拉起司的美味，溶化的口感是其魅力焦點。將豬肉切成薄片後，用鹽和胡椒調味，然後把起司、切碎的舞茸以及綠蘆筍包捲起來，用炭火仔細翻轉燒烤。（兩種菜色都需事先預約）

手工丸子串

(左) 豬肉丸　各1串180圓

●家傳醬料　●蘿蔔酸桔醋

●柚子胡椒　●香草鹽　●紫蘇梅

(右) 鴨雞綜合

丸子 (內有蔥)　各1串180圓

●高菜　●泡菜　●納豆

●特製辣椒　●明太子

這是一道很好料理的肉丸子，使用的材料是豬絞肉與雞鴨混和肉。而且全部都是店家在店裡自行處理，手工捏出形狀油炸過後，再用炭火燒烤而成。從醬料、香草鹽開始，總共有15種調味。此外，這種延伸品嚐樂趣的經營方式也頗受好評，1天可賣上250～300串。

串燒

●銀杏	230圓
●小青椒	190圓
●連皮都好吃的鮭魚肚	300圓
●九條蔥的五花卷	240圓
●蘆筍黑培根卷	250圓
●香菇	220圓
●紅甘鰺蔥蘿蔔酸桔醋	300圓

加上銀杏、小青椒、香菇等已被認為是既定材料的蔬菜串燒，並強調材料各自特色的串燒組合。新鮮的紅甘鰺肉配上蔥，再搭配含有蘿蔔泥的酸桔醋；連皮使用富含脂肪的鮭魚腹部製成的鮭魚肚；脂肪與瘦肉融合在一起的黑培根蘆筍卷；用肉質柔軟的山形三元豬肉捲起九條蔥的五花卷；所有素材都以薄鹽燒烤引出原始美味。

個室風流

七色てまりうた

□地址／東京都新宿區新宿3-28-10 ヒューマックスパビリオン新宿東口5階

□TEL／03-3226-8070

□經營／株式会社ダイヤモンドダイニング

□料理長／柳　健一

□店長／榎本あゆ美

味噌美乃滋 洋蔥肉丸　1串147圓

將由雞頭部分的粗絞肉所作成的自製「手工丸子」放在炭火上燒烤，並且在上頭充分塗上美乃滋與味噌混和的原創醬料，接著撒上炸過的洋蔥後端上桌。

塔塔醬里肌肉　1串157圓

將雞里肌肉以炭火燒烤，裝盤後塗上大量自製的塔塔醬，然後撒上荷蘭芹裝飾。味道清淡的里肌肉與西洋風味的塔塔醬非常搭調，深獲許多女性及年輕顧客喜愛。

炭火燒烤　てっぺん池上店

□地址／東京都大田區池上7-6-2池上レジデンス1階
□TEL／03-3751-8781
□經營・調理／大川啓典

串燒

- ●大香菇　200圓
- ●常陸少女（蕃茄）　250圓
- ●金針菜（萱草）　200圓
- ●波蘿伏洛起司　450圓

「波蘿伏洛起司」使用的是從島根縣進貨的天然起司。以竹串串起後在鐵板上將表裡逐面烤過，再以工具將起司壓成扁平狀。

「大香菇」使用的是產自九州大分的香菇。考量到視覺效果，因此採用菇傘較大的品種。「常陸少女」是茨城產的蕃茄。雖然帶有酸味但是經過燒烤之後可釋出甜味。「金針菜」是將金針花的花蕾大約10個串成一串，以炭火燒烤而成。

酉家金二郎　池袋店

□地址／東京都豊島區池袋2-42-2葉山ビル
□TEL／03-3971-1821　□經營／株式会社てしごとや　□店長／境谷直人　□調理／山下　洋

入口即化起司雞肉丸　1串280圓

雞肉丸與起司交織而成的絕妙滋味。雞肉丸是使用名古屋交趾雞的胸肉與腿肉，比例各半，且添加軟骨製成的特製商品。裡面包入卡門貝爾起司後，再以金屬串穿過，並用備長炭仔細燒烤。

烤好的雞肉丸拔除金屬串後，擺放在鋪有竹葉的盤子上，淋上特製醬料後上桌。第一次食用的客人常會被雞肉丸中流出的起司嚇一跳。

特級雞皮　1串380圓

使用名古屋交趾雞中，皮下脂肪較厚的雌雞皮所製作的串燒。肉汁豐富，入口即化般的滋味是它的特色。為了讓脂肪含量多的雞皮容易入口，在燒烤完成時會灑上數種品牌混和的燒烤用鹽，再供應給顧客。

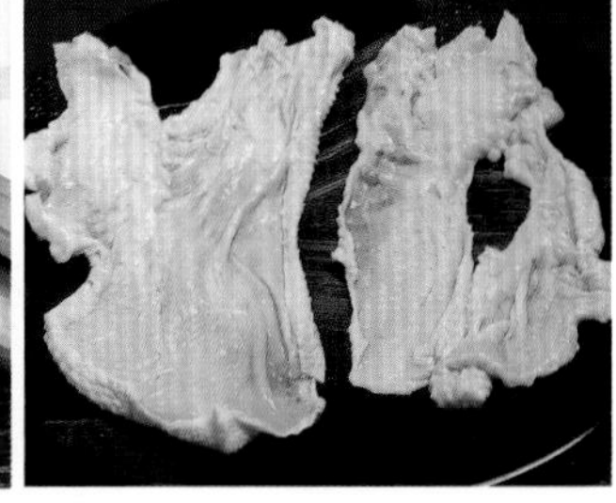

名古屋交趾雞的皮。盤中左側是雄雞，右側是雌雞。皮內層附著的皮下脂肪量明顯可見是雌雞較多。可品嚐到皮下脂肪的美味。

抱身　1串400圓

使用名古屋交趾雞的皮與胸肉。將切成小塊的胸肉包裹在雞皮裡，再用竹籤穿刺，撒鹽和胡椒調味後以備長炭燒烤。附上檸檬食用。味道清淡的雞胸肉以雞皮包覆後，添加了脂肪的美味，具有獨特口感。

鳥開　新宿總店

□地址／東京都新宿區新宿3-11-11 ダイアン新宿ビル6階　□TEL／03-5369-4977　□經營／株式会社プログレ　□店長・調理／米満広野

豆腐丸子　750圓

因為每個月更新變化丸子的材料內容，而廣受歡迎的一道料理。先將雞絞肉與過篩的豆腐混和，做出滑嫩綿軟的口感後，加入雞蛋、味醂、醬油調味，接著捏成丸狀，稍微煮過再用金屬籤串起，最後塗上含有粗砂糖、醬油與味醂，味道濃厚的醬料燒製。

夢酒みずき

□地址／東京都中央區銀座6-7-6　ラペビルB1　□TEL／03-5537-1888　□經營／株式会社フォーブス□店長／石井智之　□主廚／田村満明

鴨蔥味噌串燒

將材料本質相當協調的合鴨與長蔥組合後，以和風的田樂料理方式做成串燒。鴨肉薄片包捲蔥後燒烤，配上混和了紅白味噌和炒牛蒡的田樂味噌，再稍微用炭火燒炙。

日本料理　紫水

□地址／東京都中央區築地3-15-1築地本願寺内　□TEL／03-3544-0555　□經營／会館開發株式会社　□料理長／長島　博

※為宴會所出的料理，並無價格標示

水芋與 鵝肝醬串燒

經過燒烤後甜味倍增的水芋，加上鵝肝醬的美味與柔滑口感，搭配出絕妙滋味的串燒。水芋切塊，燉煮至可用竹籤穿過的程度後，以高湯鍋底煮到入味，然後串成一串，芋頭烤過之後放上鵝肝醬再燒烤至收乾的程度即完成。

八幡鰻魚串燒 山椒味噌

散發著山椒香氣，引人食指大動的八幡鰻魚串燒。鰻魚燉煮之後，夾入用高湯、味醂、濃味醬油煮過的牛蒡，捲成螺旋狀後再烤。山椒味噌是由混和了砂糖、蛋黃的白味噌過篩後加上山椒粉做成。

花獅子唐串燒 檸檬醬汁

在小青椒中填入餡料，巧手串成串後，配上清爽的酸味醬汁食用。雞肉以蛋汁、濃味醬油、味醂、胡椒調味後，填入取出種子的小青椒中燒烤。接著在檸檬汁中加入薄味醬油、融化的奶油和溶有芥末醬的醋做成醬汁，淋在小青椒上。

東京 · 渋谷　**串miroku**

從生鮮到甜點，串燒風格專賣店之人氣串燒與火烤料理

將魚貝類、蔬菜、肉類等範圍廣泛的材料，用生鮮、燒烤、蒸煮、油炸、燻製等多樣的烹調方式料理，並且以串燒風格供應給顧客。因為能讓顧客在輕鬆愉快的氣氛中品嚐到多種串燒滋味的優點與魅力而廣受好評。

串燒使用的是連在著名飯店也頗受好評的岩手白金豬。其不但肉質柔軟，肝臟與舌頭也沒有異味。每種都灑上岩鹽（使用玻利維亞產的玫瑰鹽）後放進可兩面燒烤的烤爐中，接著加上店家自行製作的紫蘇鹽或具有抹茶香氣的鹽巴裝飾。肉丸子則是將五花肉粗略絞過，提升口感後，拌入洋蔥末、蛋、醬油、鹽、太白粉，接著用手捏製成形，略煮過後進行燒烤。

照片左起

夢幻白金豬肝	300圓
白金豬肉丸	300圓
白金豬肋肉	300圓
夢幻白金豬舌	300圓

從「和串」到「串揚（譯註：油炸串）」，所有串燒依種類不同劃分構成整體菜單，並以一目了然的插畫方式來表現。此外，還備有葛餅和巧克力火鍋等甜點，因此極受女性顧客推崇。

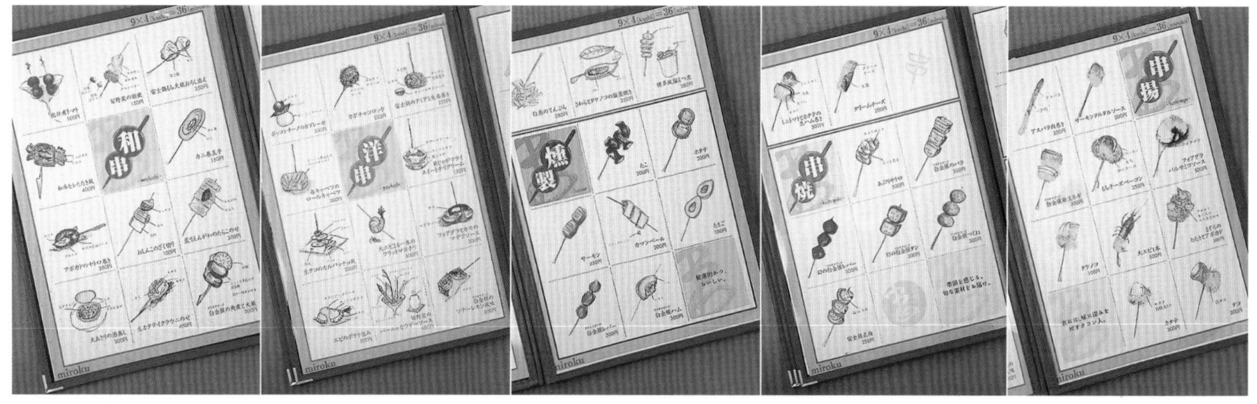

照片左起

生帆貝
配鮭魚卵海膽　400圓
火烤鰭邊肉
配鱈魚卵　300圓
火烤中鮪肚　500圓

燒烤貝柱表面後，放上生海膽和鮭魚卵作成的串燒，比目魚鰭邊肉搭配甜鹹鱈魚卵用火烤過的串燒，另外再加上火烤中鮪肚配蘿蔔泥和檸檬的串燒等等，像這些發想自壽司店的烤壽司產品也都在其中。

(上) 富士雞麻薯
配蘿蔔泥　250圓
(下) 富士雞去骨雞塊　250圓

雞肉串燒使用的是富有彈力的靜岡產富士雞腿肉，去骨雞塊可選擇鹽或醬料調味。另一種附有麻薯塊的串燒，則配上加了砂糖的甜醬油煮過的蘿蔔泥。旁邊放的是用少許岩鹽與可可亞粉混和而成的香料鹽。

□經營／有限会社ノビックス 代表取締役・荻野信彦
□店長兼料理長／楠原　敦
□地址／東京都渋谷區宇田川町3-5-6 下田ビルB1F
□電話／03-3770-0855
□坪數・席數／28坪・40席
□營業時間／週一至週六：17時～24時
　　　　　　週日・國定假日：16時～23時
□全年無休
□預算／4000圓

SUPER CHEF BOOK系列

精緻小巧又特色十足 讓人胃口大開的絕妙佳餚

對日本的料理店家來說，小鉢料理不只是單純的下酒小菜，透過廚師們的創意與精湛的手藝，它們往往最能展現出各家料理店的特色與口味。本書特別採訪日本11家知名日本料理店的主廚，介紹各主廚最引以為傲的小鉢料理，並藉由精美的圖片展現與詳細的做法解析，讓讀者可以學習到專業小鉢料理的烹調與盛盤技巧。

圖文資料摘自「日本人氣名店傳授　小鉢料理」©ASAHIYA SHUPPAN INC.2005

好評發售中！

日本人氣名店傳授　小鉢料理

定價NT$400

TOHAN 台灣東販股份有限公司　台北市南京東路4段130號2F-1　TEL：(02)2577-8878　郵撥帳號：1405049-4　戶名：台灣東販股份有限公司

http://www.tohan.com.tw/

超人氣店家的熱賣訣竅
雞肉串燒、豬肉串燒的技術

所有雞肉、豬肉串燒與創作串燒的技術都在此23頁大公開！

「雞肉串燒」、「豬肉串燒」是將材料串起之後火烤的簡單料理，也是很難加以區別化的商品。不過，根據所花的功夫而定，還是極可能將現有商品的銷售價值提升起來。例如稀少部位的商品化、開發創作串燒、製作醬料的方式、翻炒鹽巴的作法……等等，藉由研究熱賣商品，來學習超人氣店家的技術與智慧吧。

使用全雞做出稀有商品 創造嶄新魅力！

東京・東大和 地雞燒 **雞工房**

（照片左後方左起）	雞元 315圓	卵黃 315圓	雞腎 315圓	Toro 315圓
（照片右後方左起）	腓力 315圓	雞肋肉 315圓	尾皮 315圓	
（照片前方左起）	Sori 367圓	雞袖 367圓	Guli 315圓	去骨雞塊夾蔥 262圓

使用名古屋交趾雞全雞，並活用全雞才有的優點，將各式各樣的部位進行商品化。腿肉中具有彈性的部分稱「Sori」（譯註：solilesse，背脊骨與上腿肉之間的部位；一隻僅有兩小塊），脂肪較少的地方作為「腓力」，膝軟骨部分稱為「Guli」，另外還有「去骨雞塊夾蔥」。雞胸肉形狀完美的部分命名為「雞袖」，帶皮的腰肉部分作為「Toro」，而尾巴部分的皮則叫「尾皮」，以這些創造出多種變化。此外，加上連繫雞心與肝臟、含有脂肪的肌肉「雞元」，保護內臟的膜「雞肋肉」，「雞腎」、「卵黃」等稀少部位讓菜單內容更加豐富。為了活化材料本身的原味，調味基本上以鹽燒為主，但為了能更加提升美味度，「腓力」、「雞肋肉」是單面塗上專門醬料。脂肪較多的「Toro」、「雞腎」、「雞元」或「卵黃」則需臨機應變地採用較為清爽的醬料。店家使用全雞企圖發展雞肉串燒的嶄新魅力，博得喜歡雞肉串的顧客相當高的評價。

【地址】東京都東大和市南街4-18-6 【電話】042-563-2244 【經營・調理】鈴木　勉

支解全雞的方法

使用的是名古屋交趾雞。此為已去除內臟的「淨膛雞」，斬掉雞頭的狀態。

將腿肉切開

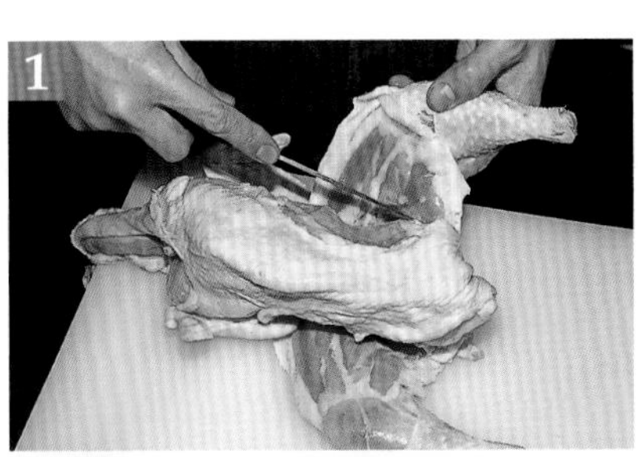

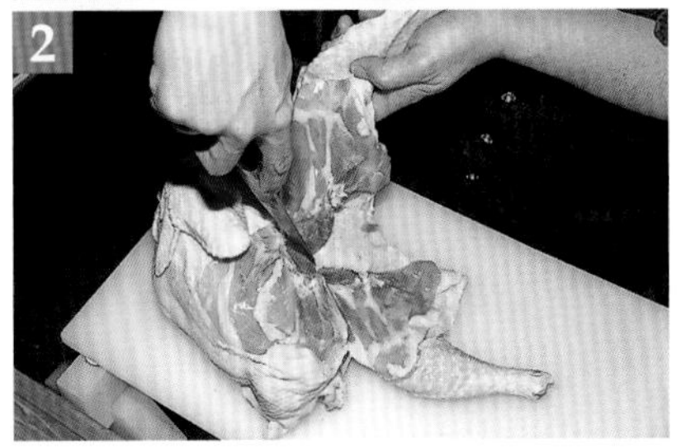

要將腿部切開得由腿根處下刀，沿著雞身側的骨頭將腿肉分離。雞腿根部部位為「Soli」，注意不要破壞這個部分。

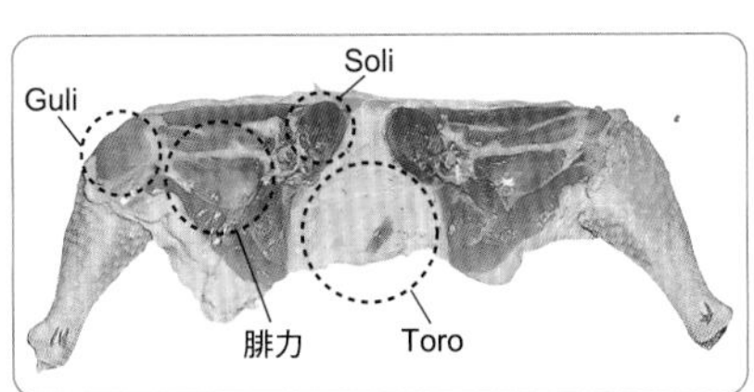

腿根具有彈力的部分是「Soli」，沒有脂肪的三角形部位是「腓力」，腰的厚皮部分為「Toro」，膝軟骨部位「Guli」；可將這些部位商品化。

分離雞胸肉、翅膀

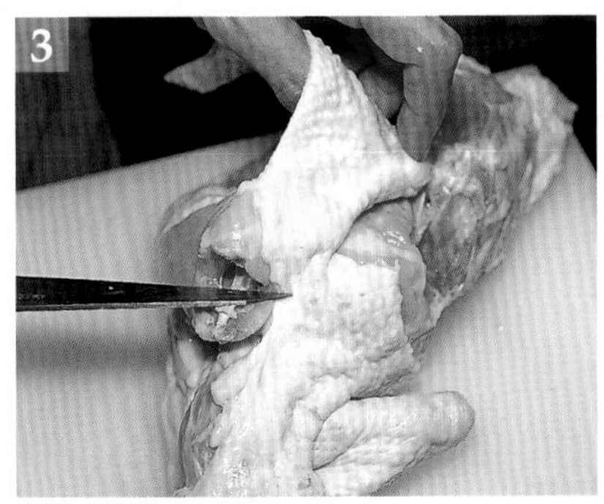

切開雞胸肉與翅膀。用刀子從翅膀關節部位下刀切斷。

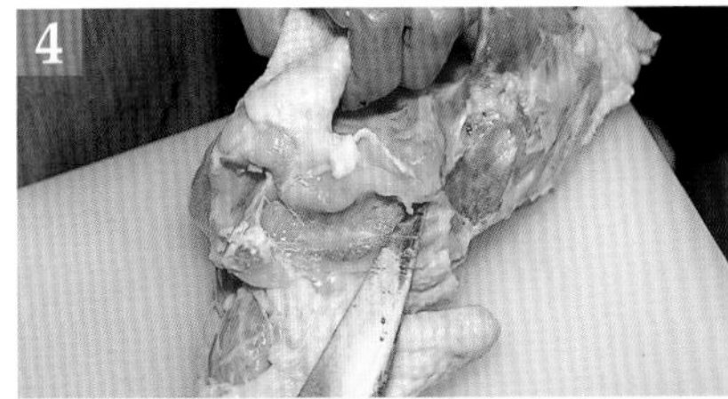

接著沿鎖骨移動刀子，同樣的在肩胛骨部位下刀。

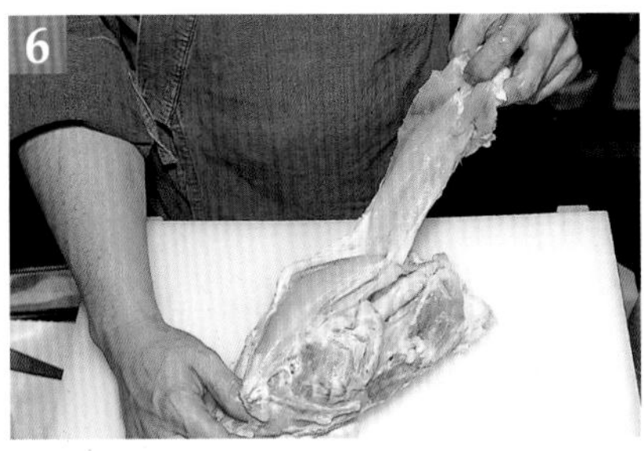

切到某種程度後，就可以一手壓著頸部，另一手抓著翅膀剝除。

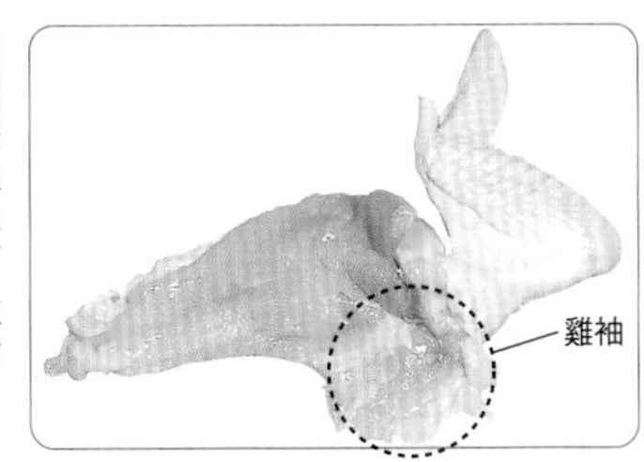

雞翅根部附近，位於雞胸的圓形部分，可以作為「雞袖」。

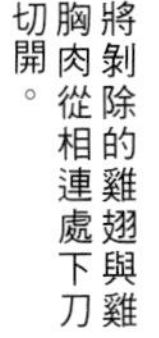

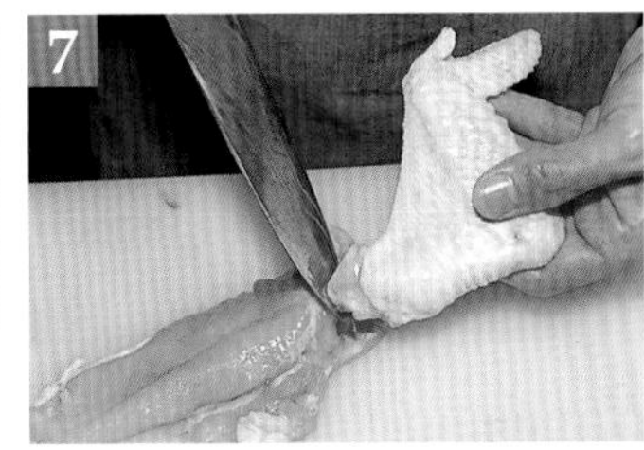

將剝除的雞翅與雞胸肉從相連處下刀切開。

將里肌肉、頸肉、尾椎切開

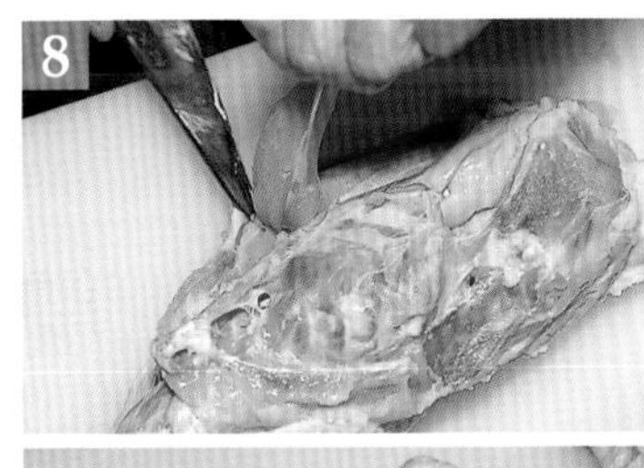

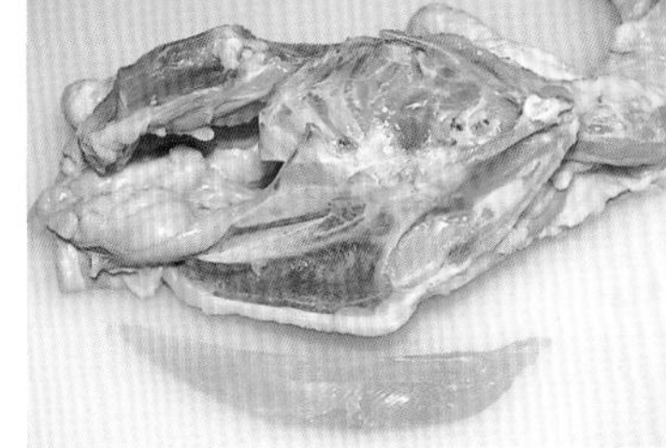

將里肌肉旁的筋膜拉開，用菜刀沿著里肌肉與骨頭的縫隙切開。

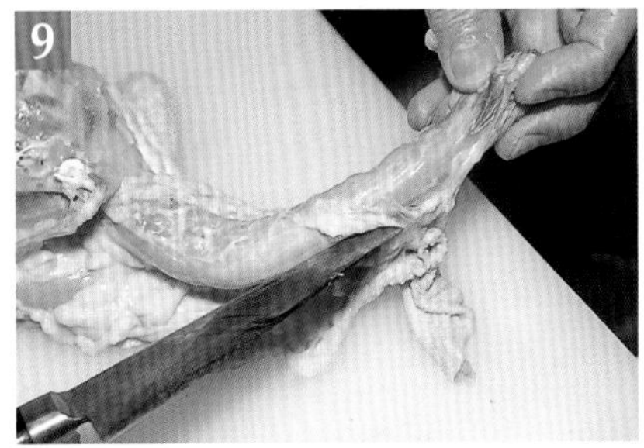

頸部的地方，用菜刀由頭部開始，反方向剝除頸部雞皮後將其切下。

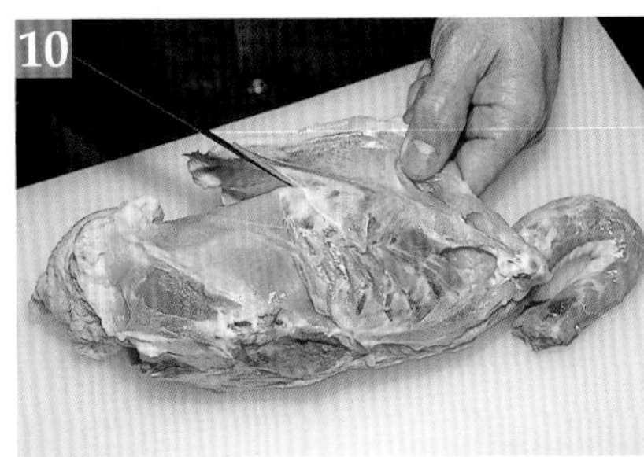

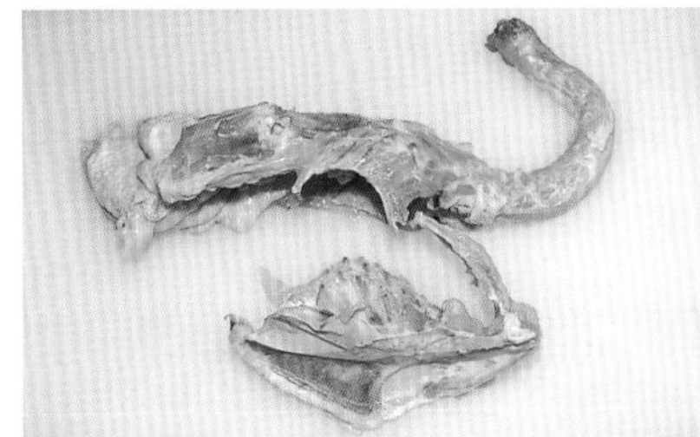

胸骨前方軟骨與軀幹相連，保護內臟的膜為「雞肋肉」。沿著肋骨與「雞肋肉」下刀，接著再切進軀幹與骨頭間，用兩手將肋骨從胸骨上剝下。

從頸部開始下刀，一邊拉著頸肉一邊尋找空隙切入。

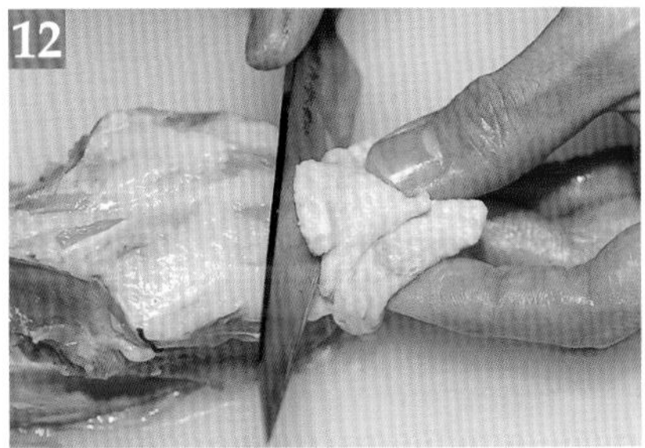

將尾部前端的尾椎切下。這裡是含有脂肪，滋味極豐富的部分。

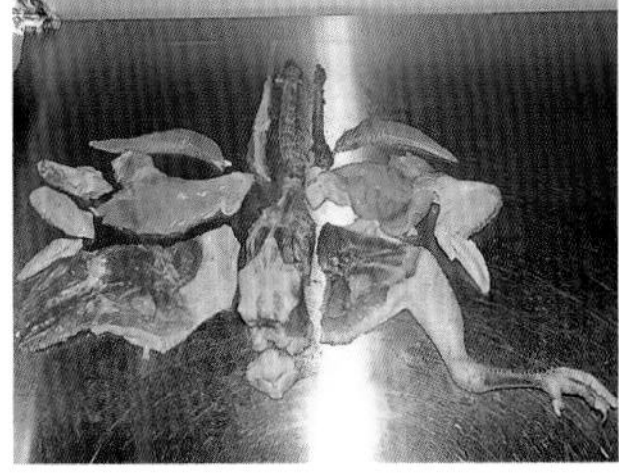

將支解後的全雞按部位別排列。整隻雞幾乎沒有被丟棄的地方，全部都可活用做成串燒。

Soli

位在雞腿根部、具有彈性且濃縮了腿肉精華的部位，可享受到與其他部位的腿肉不一樣的口感。

沿著Soli旁邊下刀，切成完美的圓形取下。

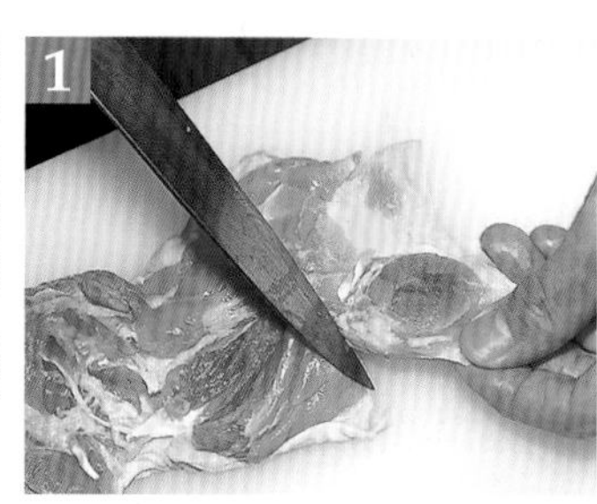

將雞皮留著，1串3塊。沿著纖維串起。

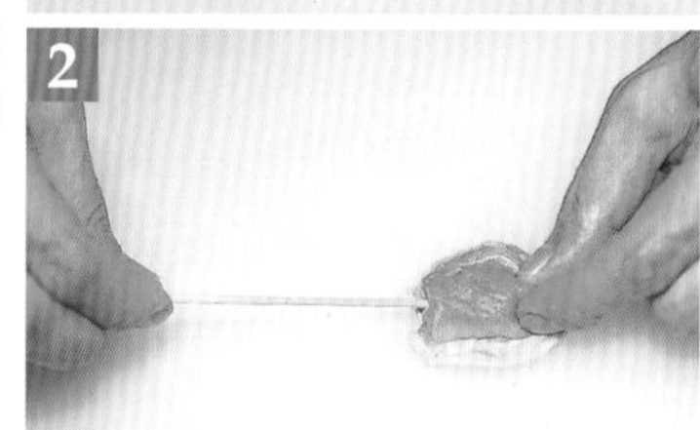

將肉塊沿著纖維串起，1串為3個。

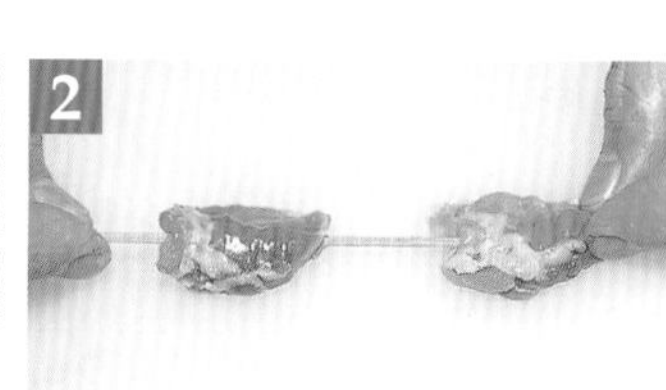

為了讓味道更完整，最後在單面塗上專用醬料，快速地烤過後上桌。

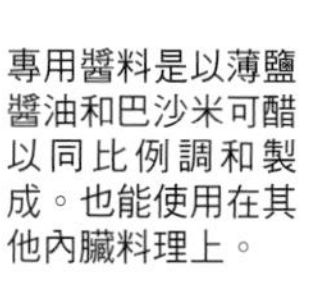

專用醬料是以薄鹽醬油和巴沙米可醋以同比例調和製成。也能使用在其他內臟料理上。

Guli

將腿肉周邊以及裡側的皮一併切下使用；除了口感一流之外，味道也很棒的膝部軟骨。

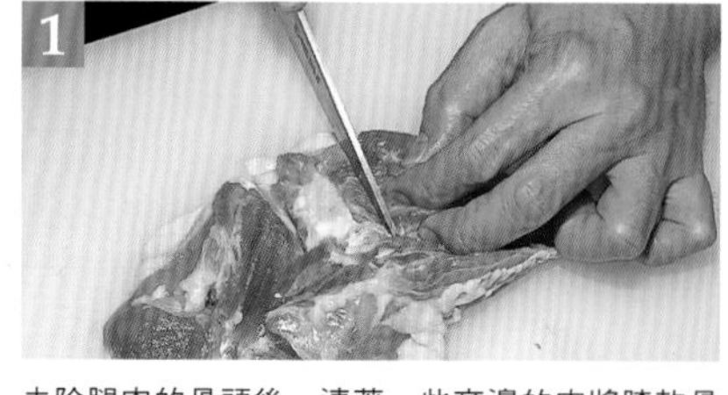

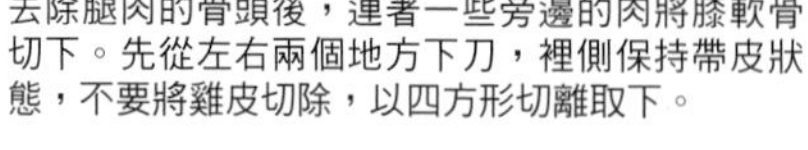

去除腿肉的骨頭後，連著一些旁邊的肉將膝軟骨切下。先從左右兩個地方下刀，裡側保持帶皮狀態，不要將雞皮切除，以四方形切離取下。

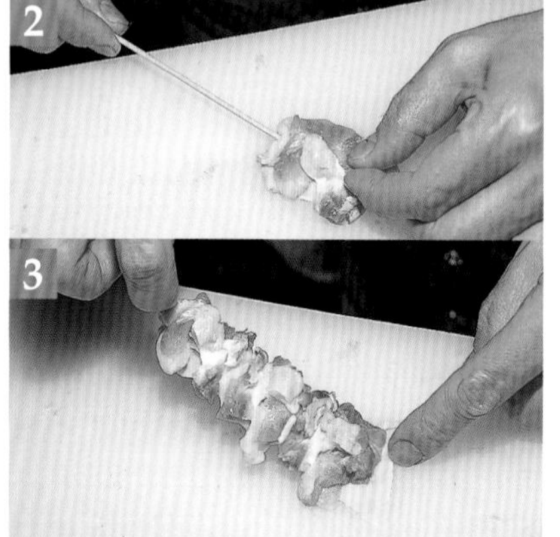

好像要用雞皮將串燒固定住的感覺般，先刺穿雞皮，接著是肉、接著又是皮的方式串成一串，1串3個。

腓力

沒有脂肪，形狀完好的腿肉部位。一般的料理方式是鹽燒，不過也可單面塗上專用醬料後燒烤。

因為僅以薄皮連接著其他部分，所以能一邊剝除一邊以菜刀分切。

Toro

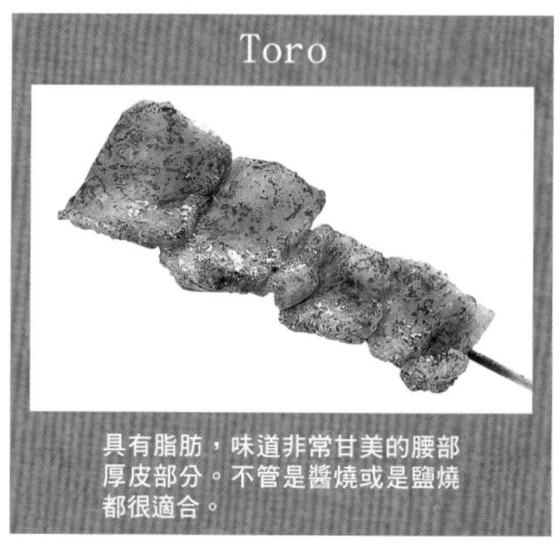

具有脂肪，味道非常甘美的腰部厚皮部分。不管是醬燒或是鹽燒都很適合。

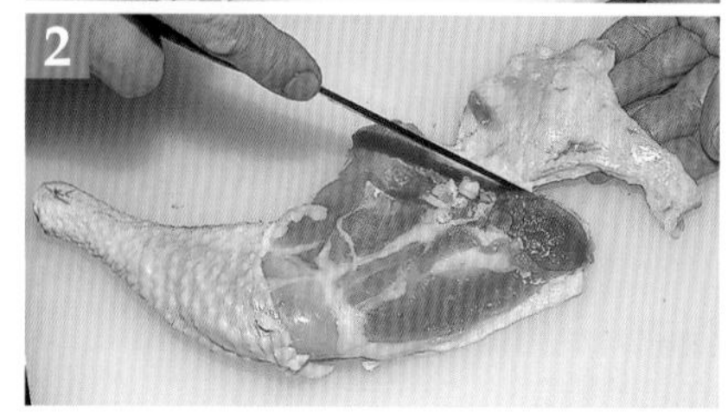

沿著左右兩側腿肉下刀，將腰部厚皮部分切下。

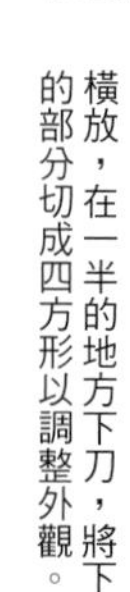

橫放，在一半的地方下刀，將下方較大的部分切成四方形以調整外觀。

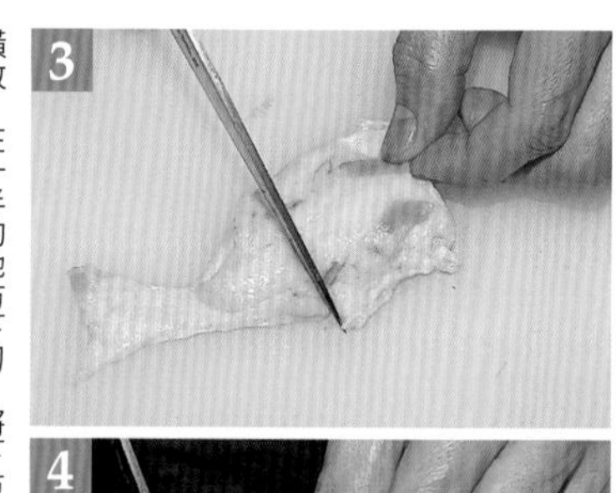

上方較細的部分3塊交互並排，以竹籤串上，接著串下方的皮。

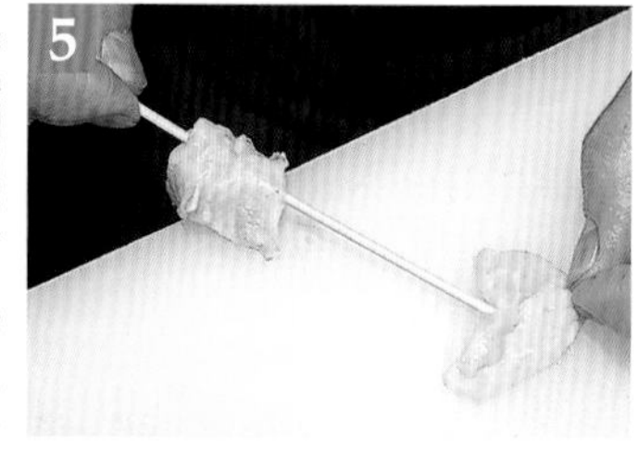

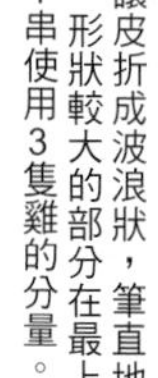

不要讓皮折成波浪狀，筆直地串過，形狀較大的部分在最上端。1串使用3隻雞的分量。

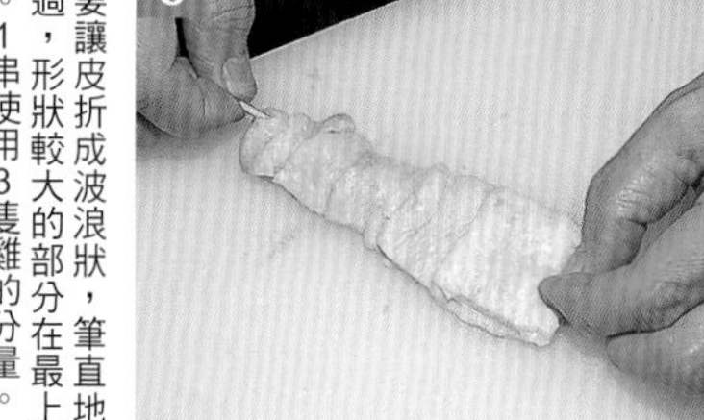

卵黃

尚未通過輸卵管的未熟蛋黃。軟Q的口感是一大特色，塗上醬料燒烤後香氣四溢。

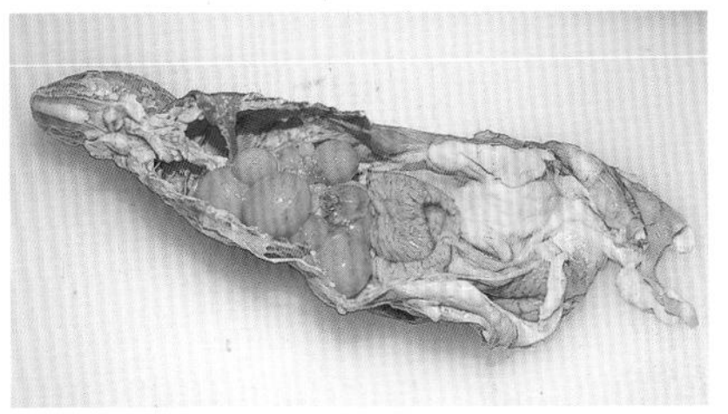

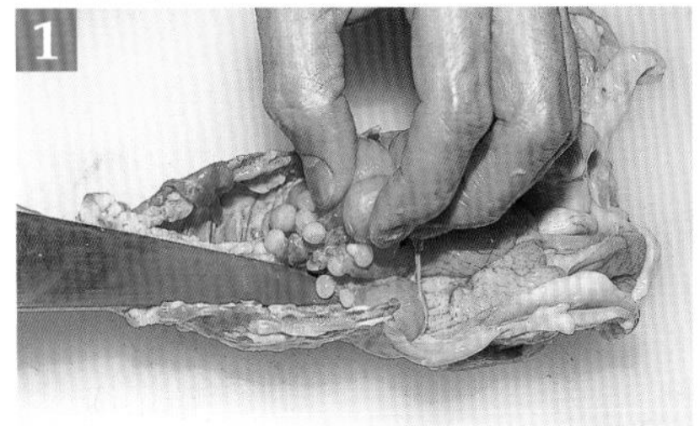

1 沿著背骨下刀，將未熟的蛋黃切下。

2 水滾後，將蛋黃以中火煮上10分鐘左右，接著按照形狀大小順序串起。

雞袖

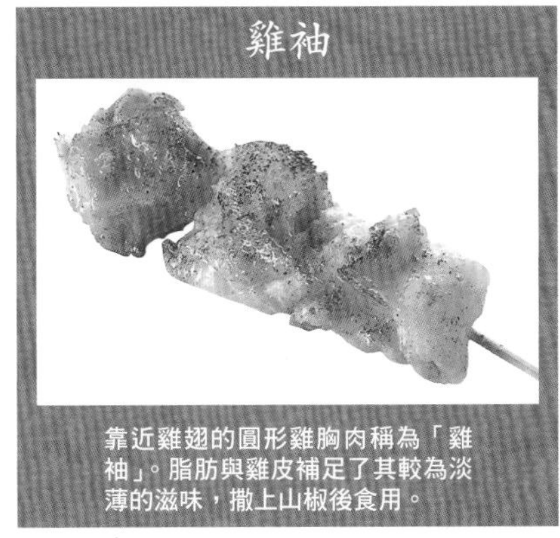

靠近雞翅的圓形雞胸肉稱為「雞袖」。脂肪與雞皮補足了其較為淡薄的滋味，撒上山椒後食用。

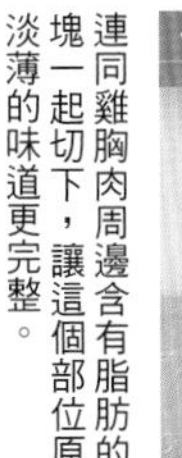

1 連同雞胸肉周邊含有脂肪的肉塊一起切下，讓這個部位原本淡薄的味道更完整。

雞皮也一起切下。雞皮烤過之後可增添香氣與美味。

串刺時，將附有脂肪的地方放在側邊，另一邊用菜刀整理出形狀。

2 端上桌前撒些山椒增加香氣。山椒還可以使用在「雞皮」和「頸肉」上。

去骨雞塊夾蔥

不用一般的雞胸肉而採用雞腿肉。將雞肉與蔥段交互串過，同雞肉夾蔥那樣的特殊串法。

1 將已取下膝軟骨的雞腿肉對半切開，分成上腿肉與下腿肉後切成四方形。

2

3 在腿肉的切面部位夾上蔥段後，串成一串。1串3個，中間不夾蔥。最下面的是上腿肉較薄的部位，中間是上腿肉較厚的地方，而最上方則是具有嚼勁的下腿肉部分。

雞肋肉

胸軟骨與軀幹連結的筋膜為「雞肋肉」。和「腓力」一樣，鹽燒之後單面塗上專用醬料。

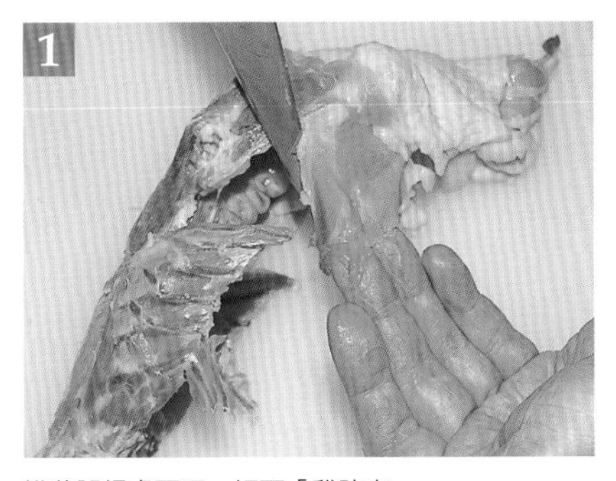

1 沿著腿根處下刀，切下「雞肋肉」。

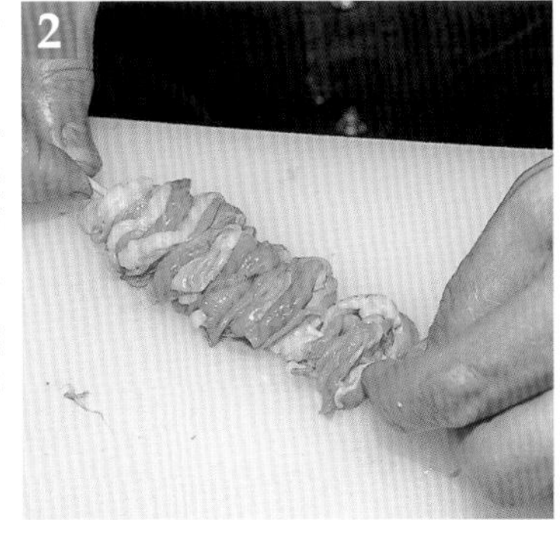

2 像是互相折疊般的，交互變化方向串刺。

雞元

雞心與雞肝之間含有脂肪的部分。加上雞心的薄皮後可產生嚼勁。燒烤至半熟後再放上長蔥絲。

一般會把雞心與雞肝相連且有脂肪的部分丟棄，但這裡高明地將其商品化。

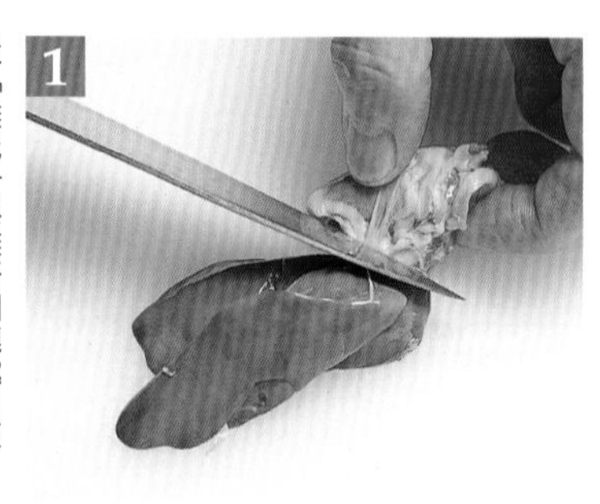

1 從「雞元」與雞肝相連處用菜刀切下分開。

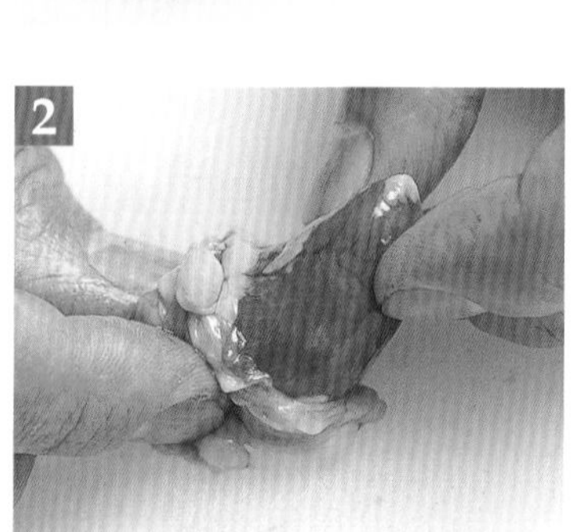

2 用菜刀將包裹著雞心的薄皮切個口，將薄皮剝除。

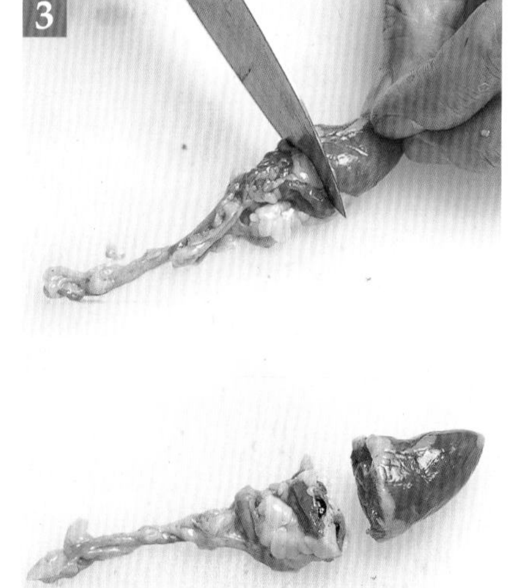

3 薄皮剝下之後接著從雞心與心血管相連處切下。

尾皮

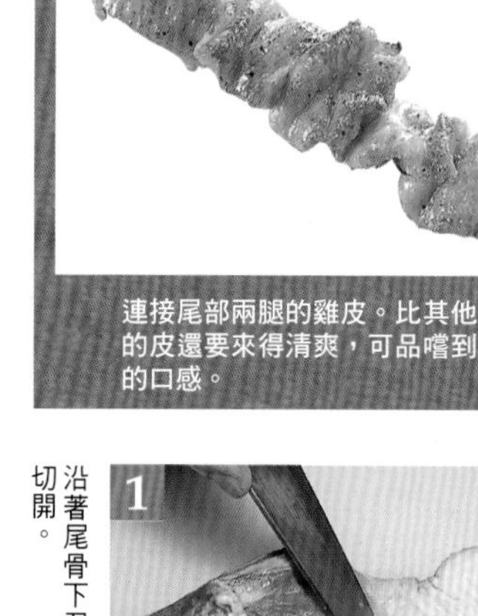

連接尾部兩腿的雞皮。比其他部位的皮還要來得清爽，可品嚐到鬆化的口感。

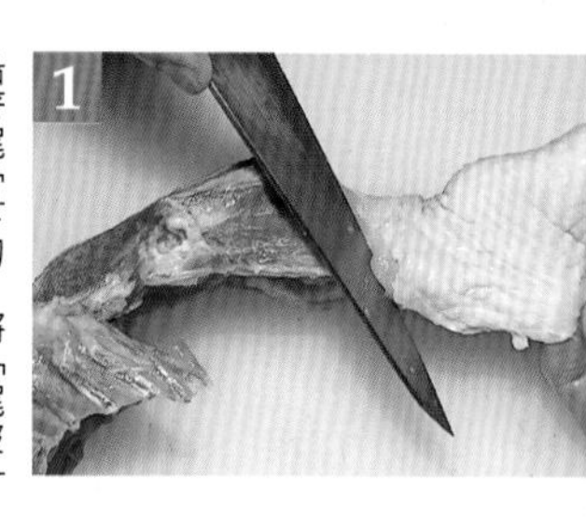

1 沿著尾骨下刀，將「尾皮」切開。

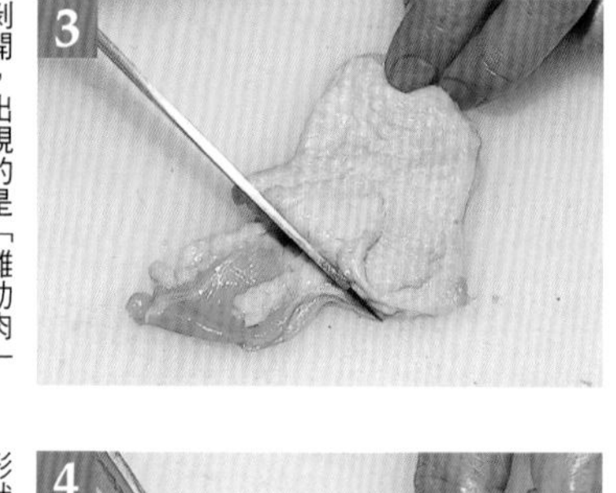

2・3 先從肛門切下。將切口處的皮剝開，出現的是「雞肋肉」的一小部分，將此處取下用在「雞肋肉」上。

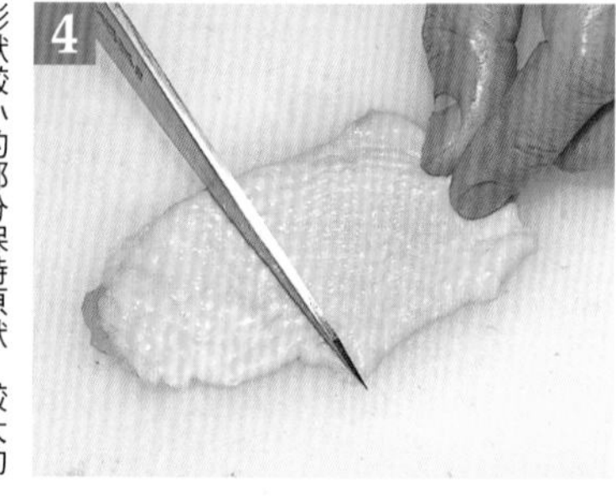

4 形狀較小的部分保持原狀，較大的地方對半切開，1串用上4個。

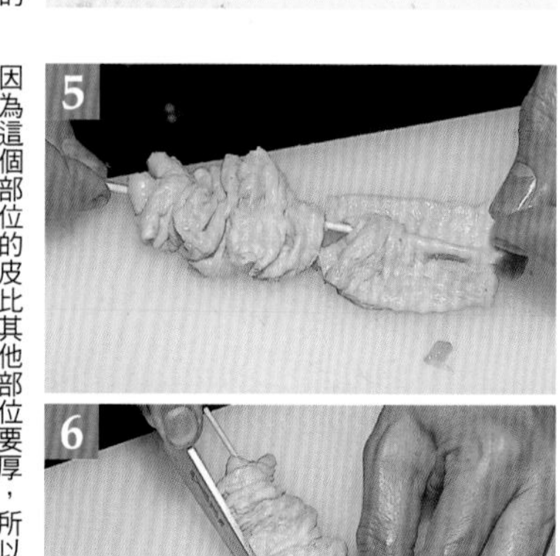

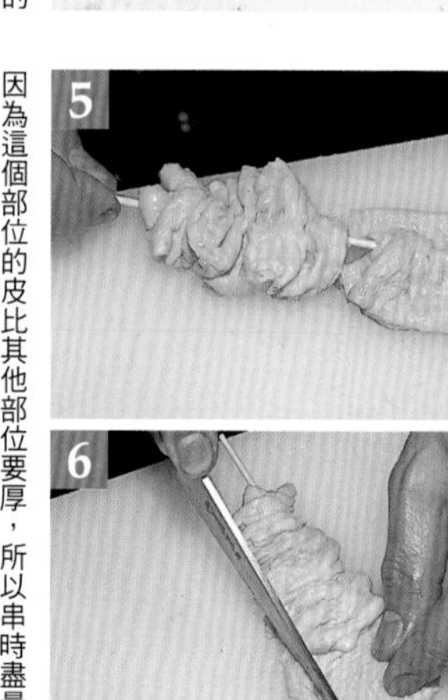

5・6 因為這個部位的皮比其他部位要厚，所以串時盡量不要讓它有皺折，最上方的部分要稍微切除調整形狀。

雞腎

雞的腎臟，2.5隻雞才能做出一串的稀有部位。同時因為非常柔軟，也是很難取出的部位。

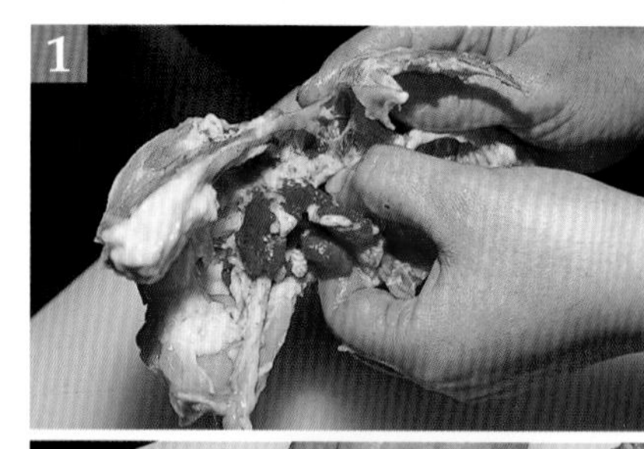

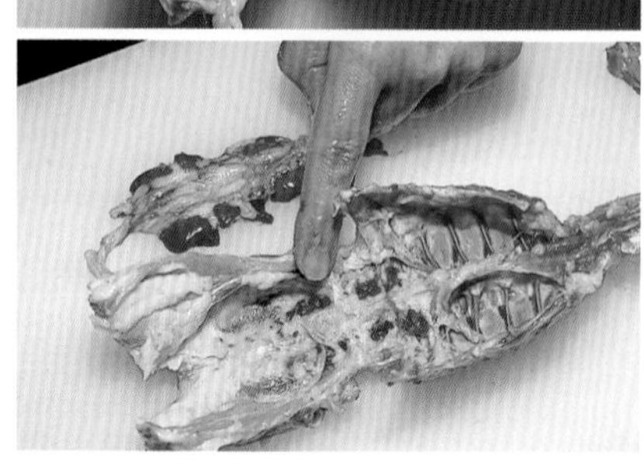

1 沿著骨盤插入手指，像拉扯般取出腎臟。

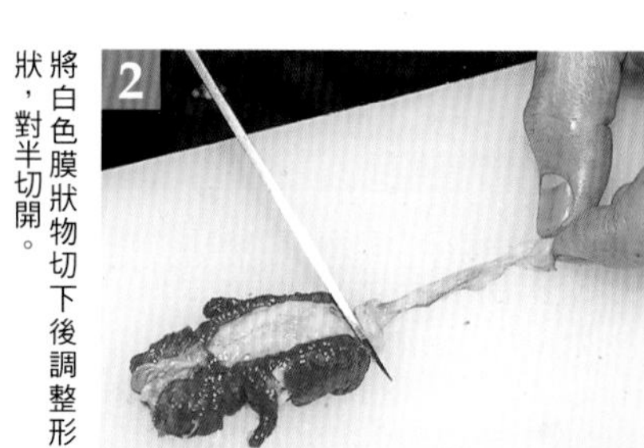

2 將白色膜狀物切下後調整形狀，對半切開。

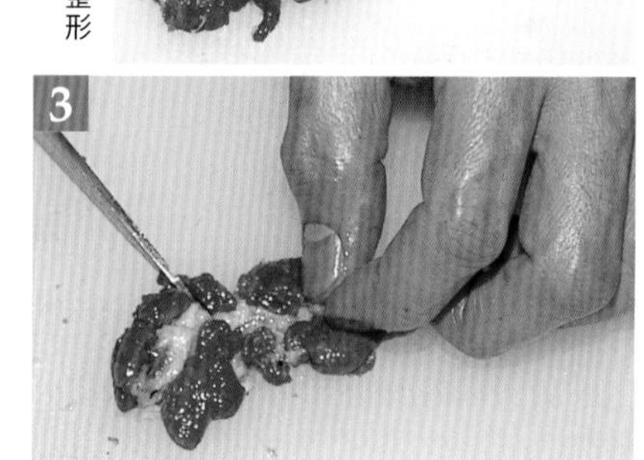

3

4 照紅色部分、白膜、紅色部分的順序串成一串，1串5個。

鹽的炒法

將岩鹽200g放入缽中研磨成細微的粉狀後，再和500g的海鹽混和。

為添加風味與美味，注入大約一大匙的純米大吟釀。

用大火翻炒，炒到鬆散時從爐火上移開，搖動鍋子運用餘熱再次翻炒後倒入鐵盤裡。

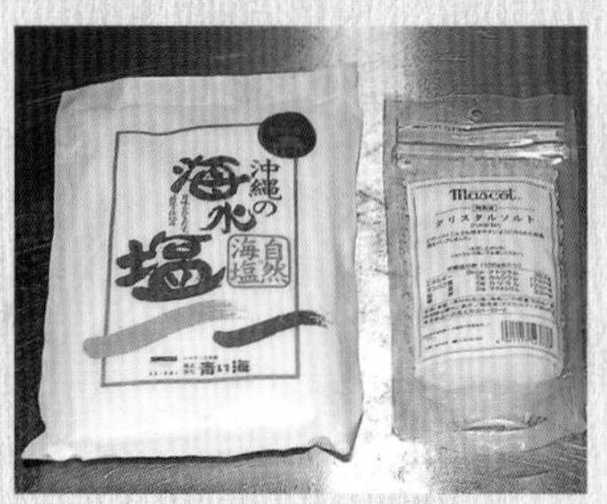

將沖繩海鹽與義大利岩鹽搭配使用，混和之後會產生各式各樣充滿特色、令人印象深刻的味道。

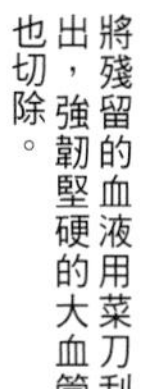

將殘留的血液用菜刀刮出，強韌堅硬的大血管也切除。

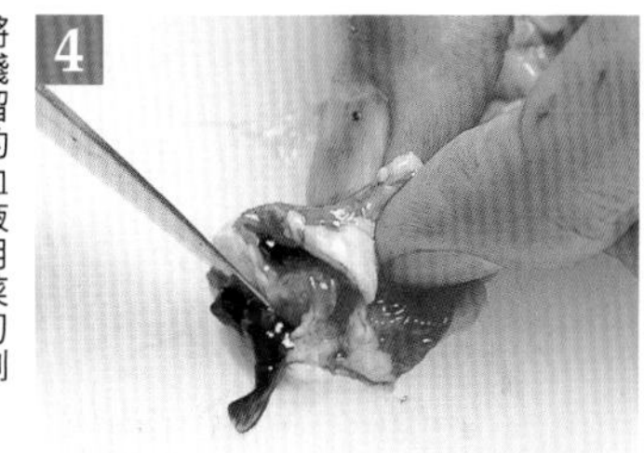

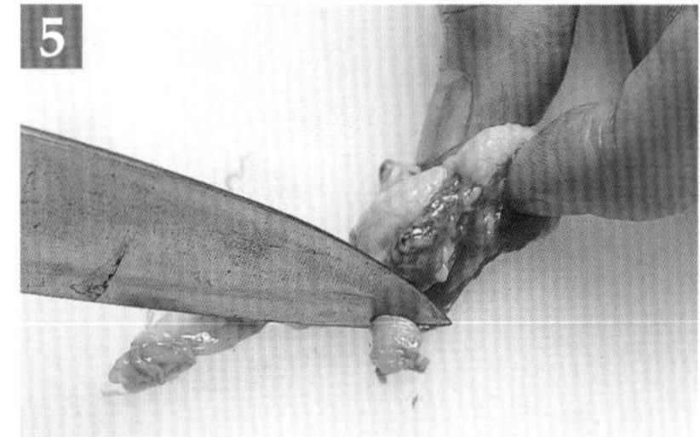

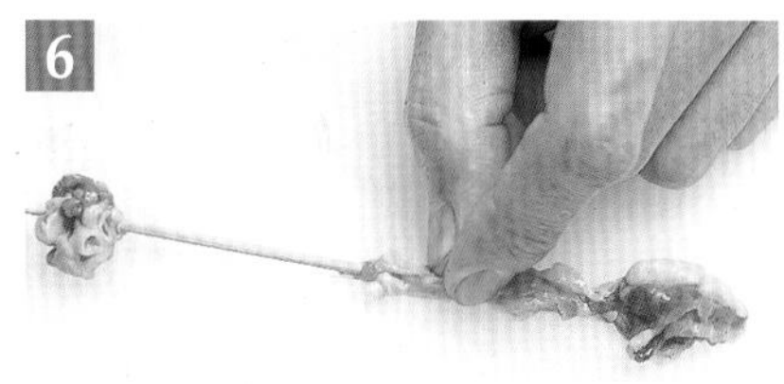

從剝下的薄皮開始穿刺，1串約使用5～6個。

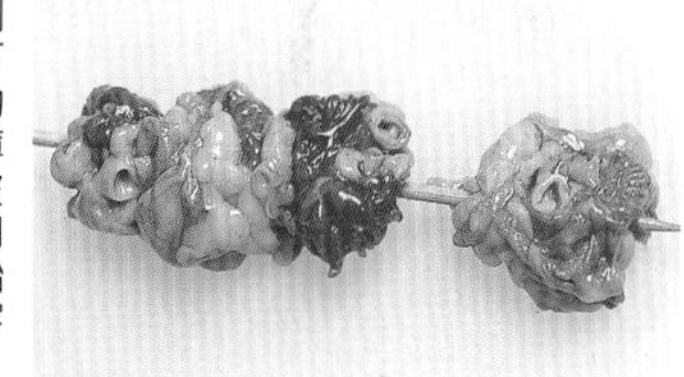

醬料的作法

在鍋中倒入味醂，以小火加熱，放入黃粗砂糖與蜂蜜。

放入烤過的雞翅、長蔥、大蒜、和挖去種子的紅辣椒。

注意不要煮焦，同時以木杓攪拌混和讓砂糖完全溶解。

倒入濃味醬油後以大火煮至沸騰，讓味醂中含有的酒精成分揮發。再以文火加熱約1小時。

材料

材料	份量
濃味醬油	1L
味醂	1L
黃粗砂糖	80g
蜂蜜	20g
雞翅	6～7支
長蔥綠色部分	適量
大蒜	2個
紅辣椒	3條

「選用稀少部位」和「新鮮度的考量」運用巧思釋放出材料魅力

神奈川・綱島　地雞炭火燒專賣店　とり平

（照片後方左起）　卵管 200圓　雞肉丸 250圓
（照片前方左起）　脾臟 150圓　頸肉 180圓　繫管 220圓

『地雞炭火燒專賣店　とり平』的串燒選用稀少部位，而且極為注重食材的新鮮度，此舉除了讓雞肉串燒品嚐起來更有樂趣，也獲得顧客熱烈支持。商品方面，「脾臟」與「頸肉」以“鹽”調味，未成熟的卵黃與輸卵管做成的「卵管」和「雞肉丸」用“醬料”調味，而連接雞心與雞肝的「繫管」則使用“辣味醬料”。依部位不同使用各種調味，將顧客不熟悉的少見食材的魅力完全釋放而出。另外，考量到下刀處理時鮮度容易流失，「卵管」和「雞肉丸」是客人點了之後才開始製作；像這樣的處理細節，讓原有的美味料理更增添價值。此外，使用岩手地雞，引出肉質最美味的串燒技術也是魅力之一。

【地址】神奈川縣橫濱市港北區綱島西1-3-13 【電話】045-545-1870 【經營・調理】大滝　順

脾臟

一隻雞只能取得一個脾臟，是相當希少的部位。也可稱為「豆子」，對雞肉串燒來說相當罕見。

近似橢圓的形狀，直徑約2～3cm大小，呈胭脂色。

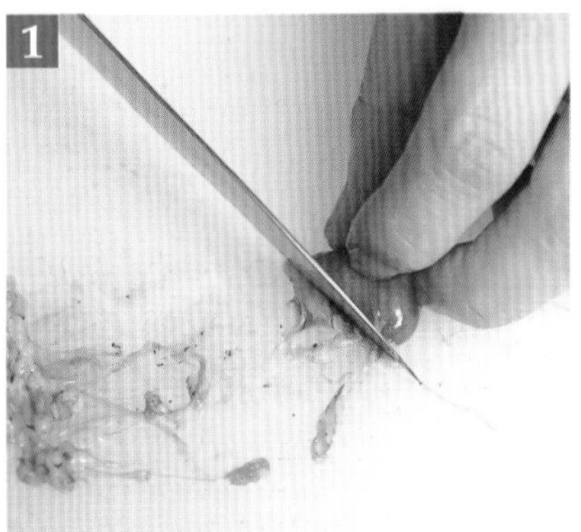

因為有少量脂肪附著，所以需要用菜刀仔細去除。

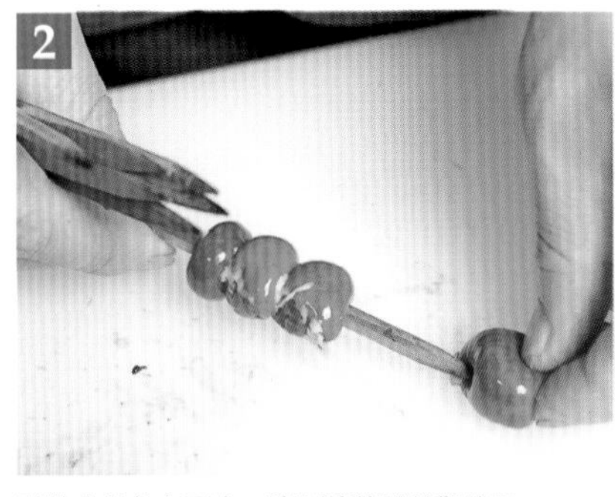

形狀小的放在下方，邊調整整體外觀的平衡邊串刺，1串的數量為5～6個。

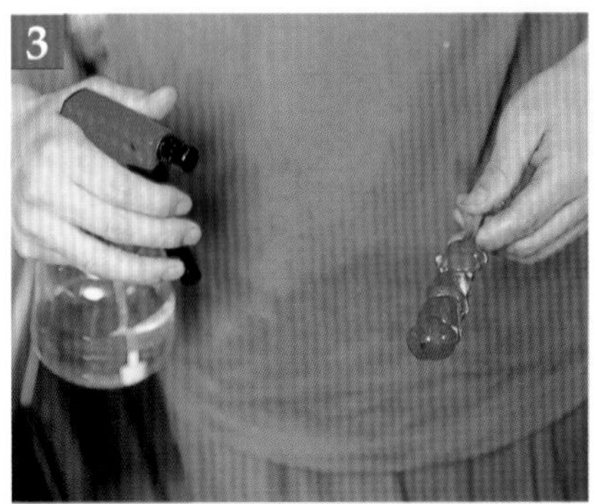

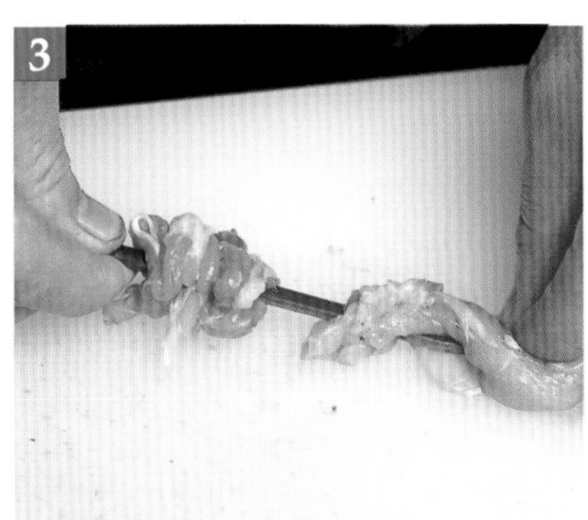

以噴霧器噴些酒，均勻撒上鹽後燒烤。

頸肉

雞隻運動最頻繁的部位，除了凝聚雞肉美味外，彈性十足的口感也是特色之一。鹽燒方式可引出好味道。

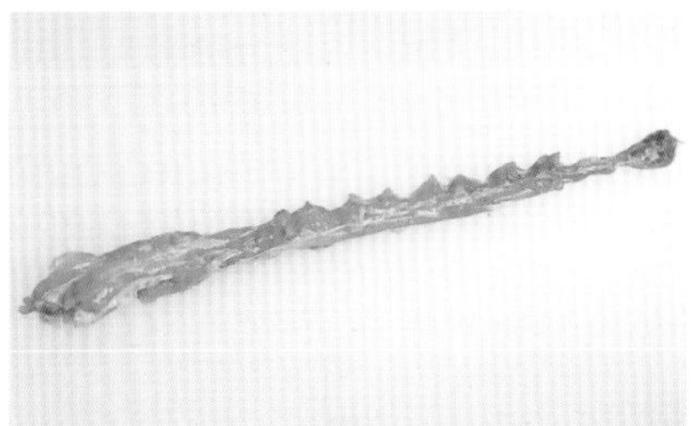

因為是由頸部剝除，所以連接頭部的地方較細，接近軀幹的地方較粗。

將連在頸肉上的脂肪刮除，以菜刀仔細處理乾淨。

將附在頸肉上的脂肪清除乾淨之後，將一條切為2～3等分。

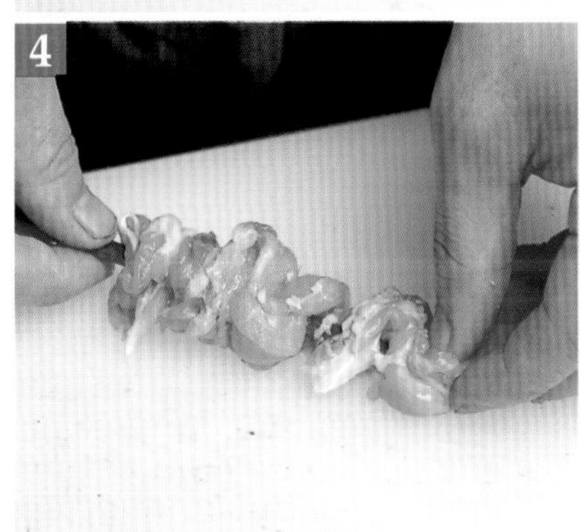

切好的頸肉以折疊的方式，從細的部分開始串上，1串大約4～5塊。

卵管

未成熟的蛋黃與卵管搭配醬料燒烤而成。為了防止鮮度降低，在顧客享用前才開始處理成串。

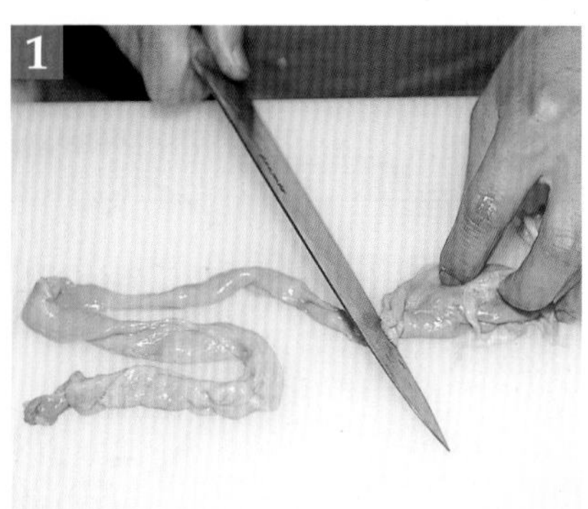

下刀之後鮮度會降得很快，所以脂肪之類的東西在顧客點單之後才開始處理。

撒上酒、鹽巴後燒烤，完成時塗上辣味醬料，擺上去除水分的長蔥碎末。

繫管

雞心與雞肝連結的脂肪部分可以「繫管」名稱做為商品。由於脂肪濃厚，可配上辣味醬料。

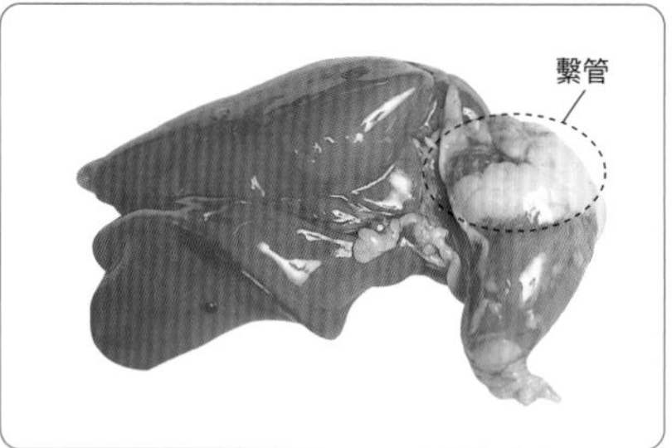

位在雞心與雞肝中間，絕大部分是脂肪，因此很少有店家將它開發成商品。

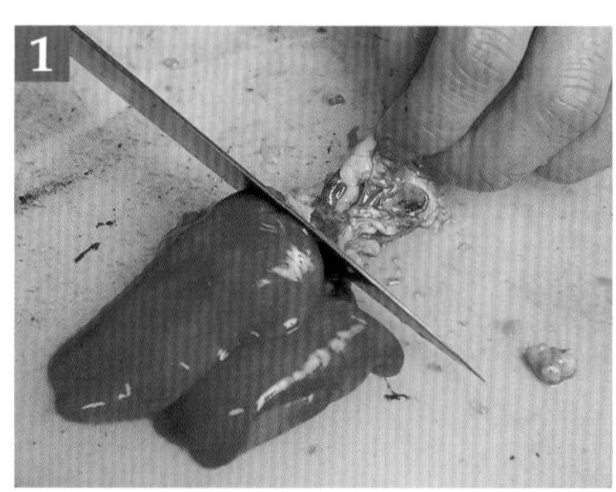

首先將雞心切下，接著從與雞肝相連接的部分下刀，將“繫管”切離。

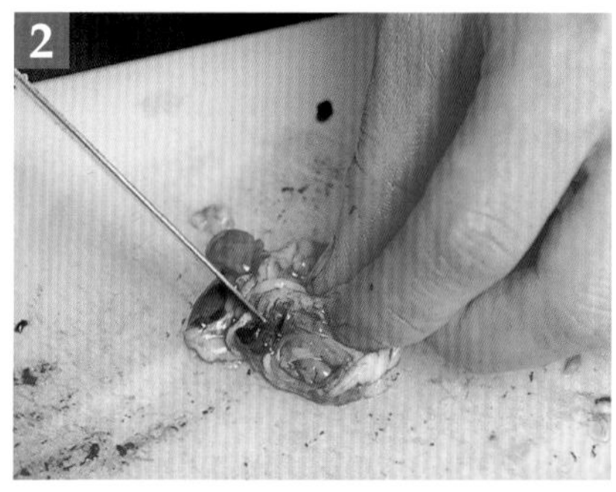

繫管中堆積的血塊會是造成苦味的原因，因此要用刀子仔細清理乾淨。

從中央部分下刀劃開繫管，接著由形狀小的開始串，1串約使用3個。

炭火處理法

沿著爐子排上一排容易著火點燃的人造炭，中間加入前一天使用過的木炭。

將以瓦斯鍋爐點燃起火的備長炭，在1上平鋪均勻。

為了不使火力散失，將已熄火的碎炭塊填進木炭的縫隙間。

最後擺上未著火的備長炭，火焰高漲時可平均火力。

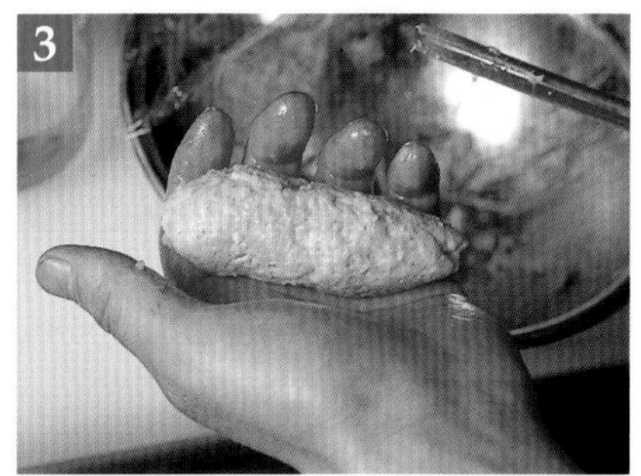

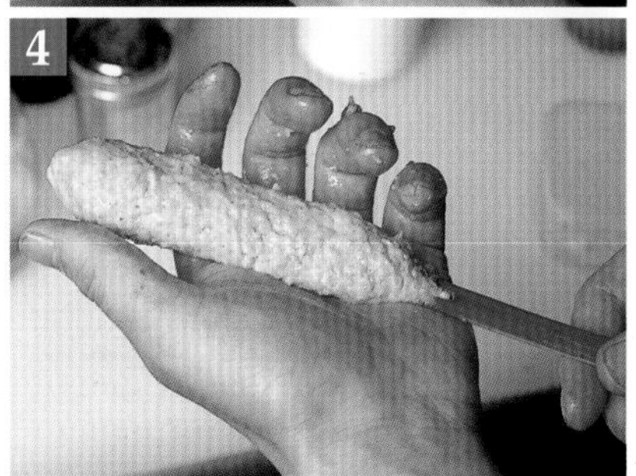

接到點單後將材料捏成長條狀，以田樂料理使用的竹籤串好，並仔細調整外觀。因為形狀容易潰散，要將空氣徹底去除。

由於會直接放在火上燒烤的緣故，水分過多的話容易剝落，要特別注意。

烤到稍微變硬後浸過醬料再烤一次，接著同樣的動作反覆再做一次。

雞肉丸

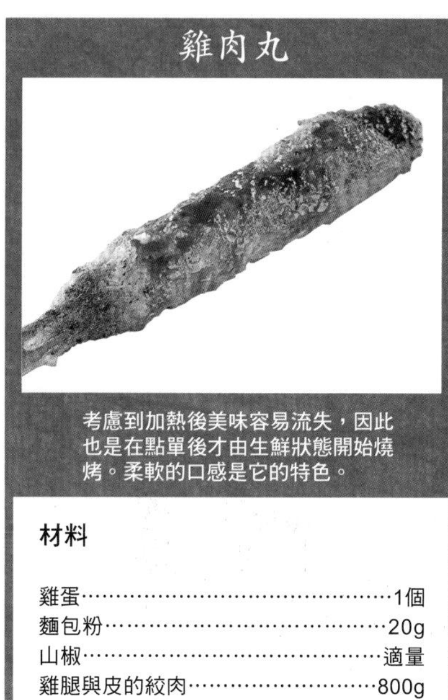

考慮到加熱後美味容易流失，因此也是在點單後才由生鮮狀態開始燒烤。柔軟的口感是它的特色。

材料

雞蛋	1個
麵包粉	20g
山椒	適量
雞腿與皮的絞肉	800g
洋蔥	1/2個
柚子皮	1顆分

將雞蛋、麵包粉、切成碎末的洋蔥、柚子皮、山椒、雞腿肉和雞皮絞肉倒入大碗中混和。

單手在大碗中攪拌，直到將材料揉出黏性為止。到此為營業之前的準備工作。

將卵管切成3～4等分，由細排列到粗以折疊方式串成一串。

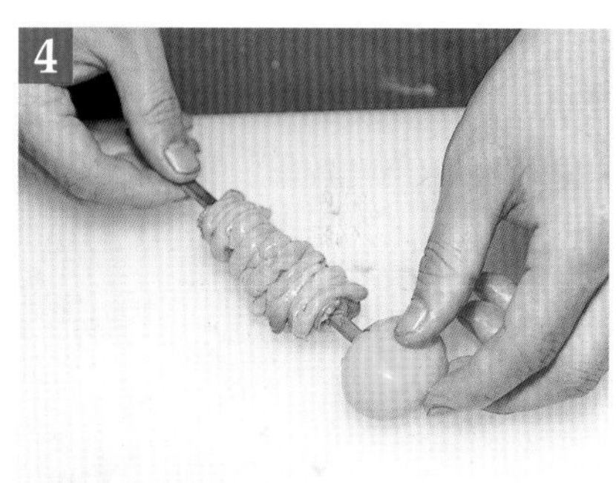

將卵管前端做成扇形的模樣，最後叉上卵黃。

以噴霧器噴些酒後火烤，約8分熟時浸到醬料裡。

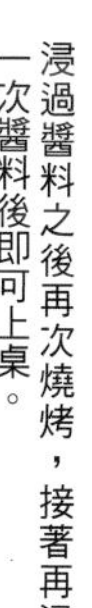

浸過醬料之後再次燒烤，接著再浸一次醬料後即可上桌。

醬料的作法

材料

濃味醬油……………………………1.8L
酒……………………………………5合
味醂…………………………………適量
蔗糖…………………………………500g
雞骨…………………………………2隻分
長蔥綠色部分………………………適量
薑……………………………………薄切片5片

※ 1合=180cc

用炭火燒烤雞骨，烤到有些微焦痕。

在鍋中倒入酒與味醂，並且用大火加熱，讓酒精揮發。

酒精蒸發之後轉中火，接著加入蔗糖。

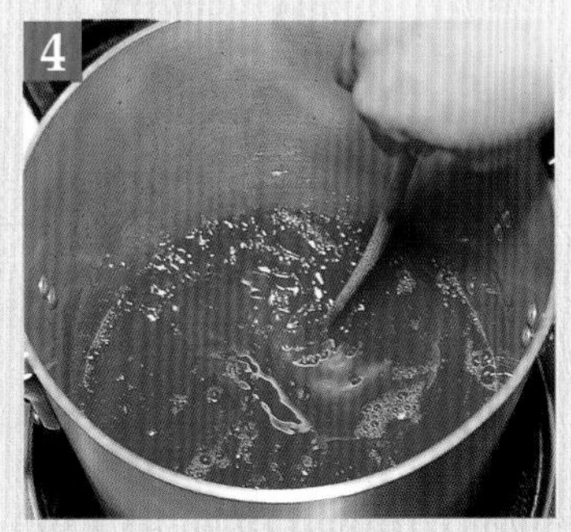

用木杓充分攪拌均勻，讓蔗糖完全溶化。

砂糖溶解後，加入濃味醬油。

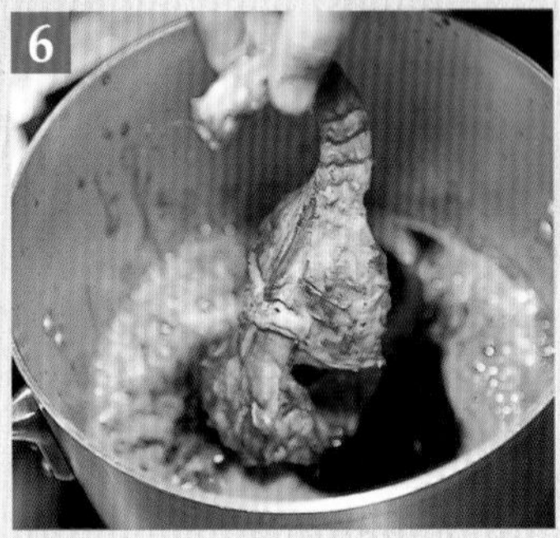

將燒烤後帶有香氣的雞骨也放入鍋中。

放進長蔥青綠的部分和生薑薄片。

熬煮1小時後，放上4～5天的時間熟成，再與使用中的醬料混和。

鹽的炒法

使用海鹽，以中火翻炒約5分鐘左右。用木杓攪拌，炒到某種程度後離火，並搖動鍋子。重複這個作業模式。

辣味醬料的作法

材料

辣味噌醬……………………………適量
酒……………………………………適量
味醂…………………………………適量

在大碗中放進辣味噌醬，加入煮過的酒與味醂後調勻。

以提引出「雞」、「牛」、「豬」素材美味的調味功夫，推廣嶄新的滋味！

神奈川・東戸塚 炭火燒烤 とり吉

（照片左起）和牛五花蘿蔔酸桔醋 300圓　韓國泡菜豬Toro 250圓　紫蘇芥末豬Toro 250圓　明太子美乃滋里肌肉 280圓　麻糬豬肉捲 250圓

「串燒」除了“將材料用竹籤串起”的條件之外，在比較上是制約較少的一種料理。雖然總稱為串燒，不過實際上有雞肉串、豬肉串、牛肉串以及卷物串等等，各種多樣化的材料，並可將其以同樣的「串燒」方式料理。如果再加上可引出材料本身美味的“調味”，那麼味道將能更上一層。而『炭火燒烤　とり吉』就是將「雞」、「牛」、「豬」等串燒的味道藉由調味手法提升，並在固定商品中注入新魔力。比如說，在雞里肌肉上頭放上明太子與美乃滋混和的“明太子美乃滋”，接著用炭火烤到香味十足。富含脂肪的牛五花搭配蘿蔔酸桔醋呈現清爽感。豬肉則使用屬稀有部位的「豬Toro」，並開發出紫蘇芥末與韓國泡菜等兩種類型。卷物串代表，是將麻糬用豬肋肉薄片包起製成的商品。由此可見店家追求商品多樣性的一面。

【地址】神奈川縣橫濱市戶塚區品濃町515-1 南の街1-106 【電話】045-825-9501 【經營】(株)エイト 【店長】中村盛男

和牛五花蘿蔔酸桔醋

在富含脂肪的五花肉串燒上，放上大量蘿蔔泥、酸桔醋醬油和萬能蔥，食用時口感清爽。

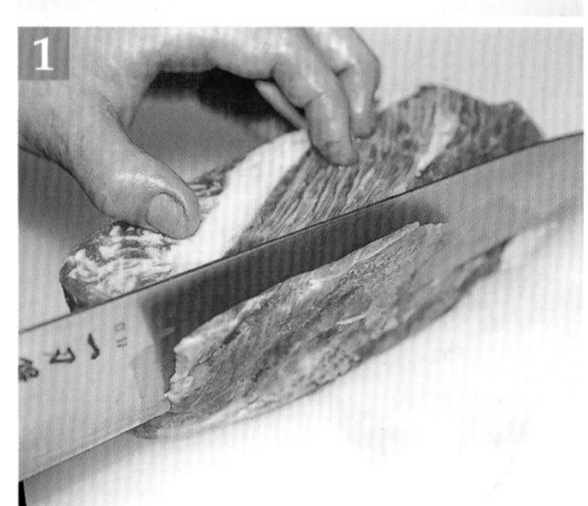

購入約切成1kg重量大小的五花肉，將筋膜等較硬的部分切除，調整形狀。

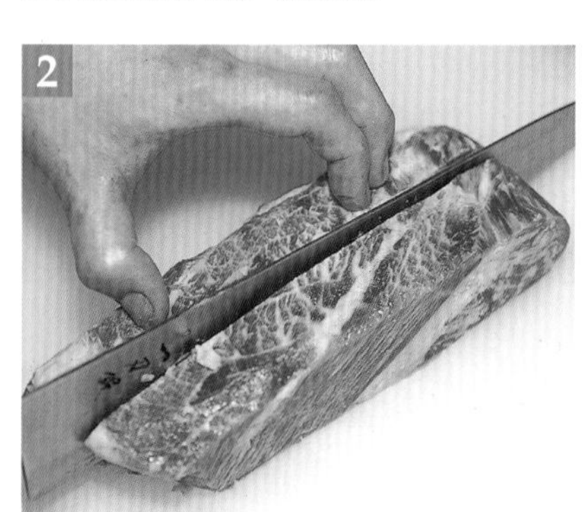

先縱向對半切，接著以垂直方式下刀，切成厚度5mm的塊狀。

5

為了讓調味還有鹽巴均勻沾在材料上，將酒噴灑上去後再撒滿香料鹽。

經過汆燙和小火燒烤，烤至表面微焦。

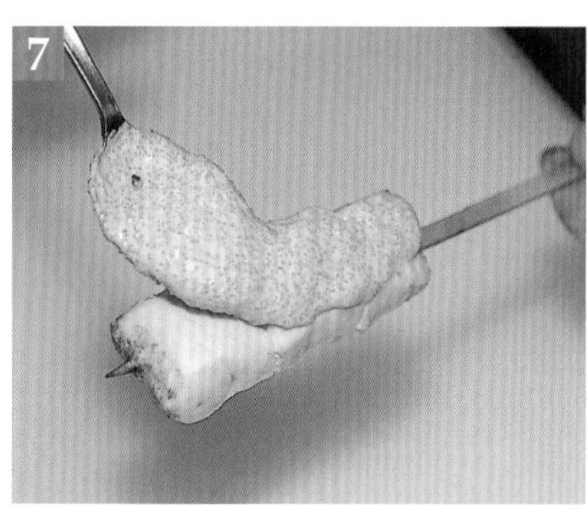

在里肌肉表面塗上大量“明太子美乃滋”。

以噴火槍稍微烤過，烤至香味散發出來時即可。

明太子美乃滋里肌肉

在表面大量抹上“明太子美乃滋”，並且以噴火槍燒烤過，令人上癮的香味是其特色。

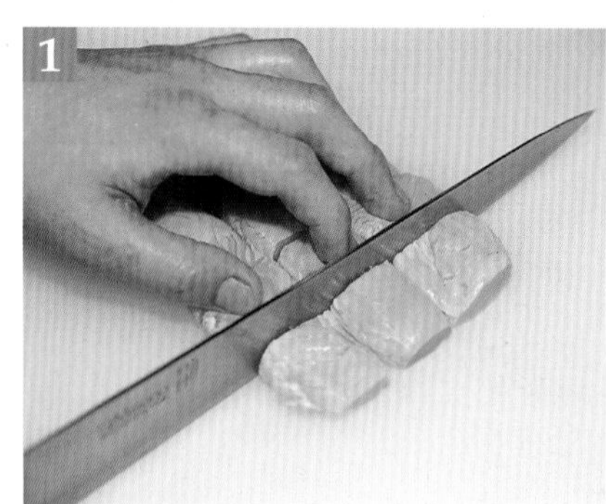

將里肌肉的筋去掉，略微汆燙，將肌肉上方擺在右邊，3條並排切成4等分。

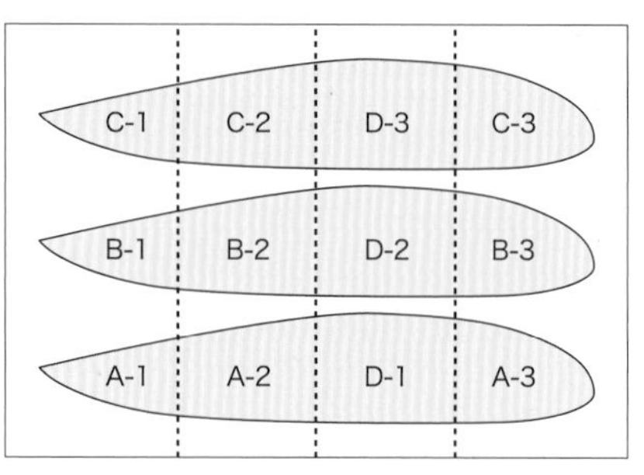

為使口感均一，編號A～D的材料按123的順序串成一串。

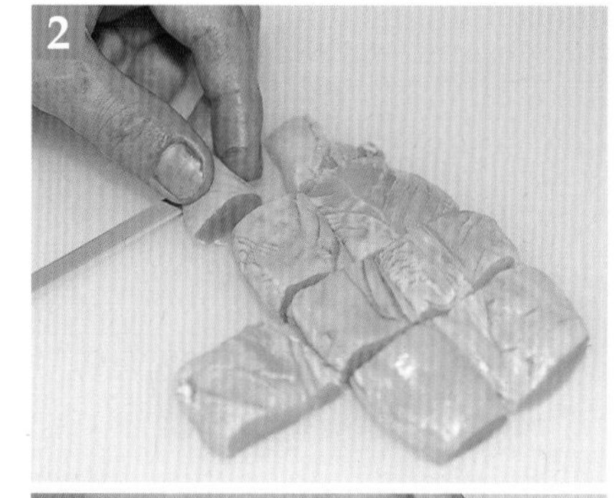

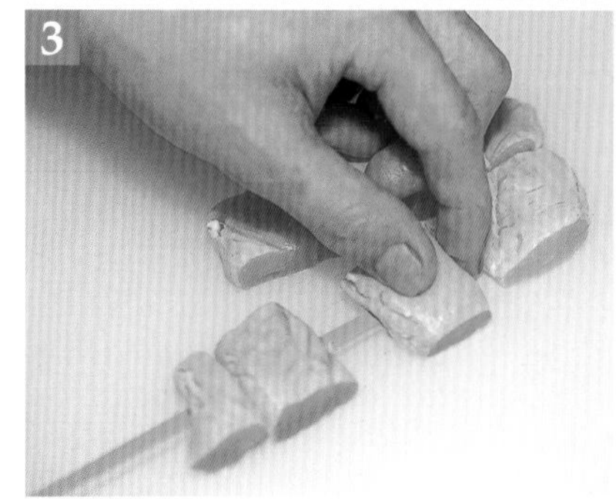

照片中為串好A，準備串B的畫面。由小塊開始處理。

酸桔醋醬油的作法

材料（比例）

濃味醬油……………………………1
煮過的味醂…………………………1
橘類…………………………………1/5

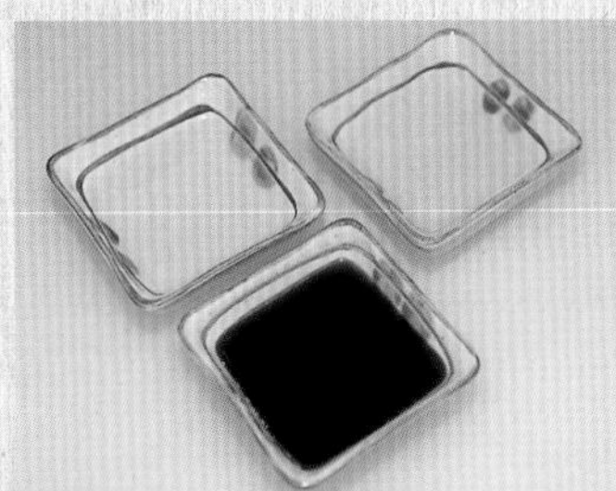

由濃味醬油、煮過的味醂、酸橙或柚子等柑橘類水果混合作成。

香料鹽的作法

材料

鹽…………………………………400g
昆布茶……………………………4g
白胡椒……………………………4g

在鹽巴中加上少量昆布茶與白胡椒做成香料鹽，味道溫和。

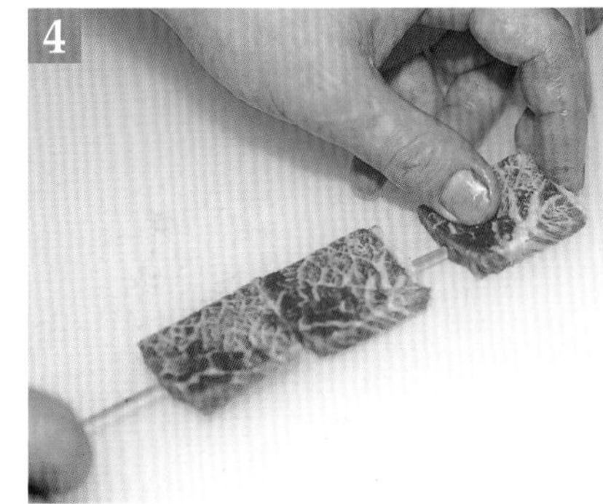

以1串約35g為準，1串用上3～4塊。1kg的五花肉約可分出25～26串的量。

香料鹽均勻撒在材料上後，用炭火燒烤。

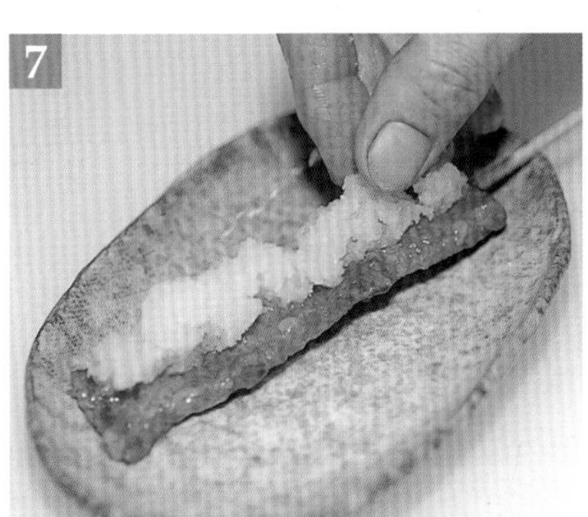

放上大量蘿蔔泥，淋上酸桔醋醬油後以萬能蔥點綴。

明太子美乃滋的作法

材料（比例）

明太子……………………………1　美乃滋……………………………1

在大碗中倒入相同比例的明太子和美乃滋，將其攪拌均勻即可。

紫蘇芥末豬Toro

少量部位的「豬Toro」串燒。與肉質較硬的瘦肉混搭可讓口感更有變化，配上芥末與紫蘇食用。

「豬Toro」是接近頭部具有豐富脂肪的部位，1隻豬只能取得少量。

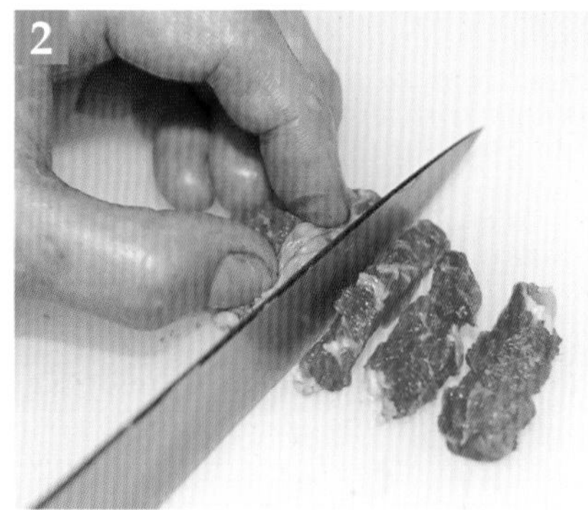

仔細清理烤過會變硬不能用的筋和皮下脂肪。然後將肉質微硬，約20g的“瘦肉”部分用菜刀切下，切成寬5mm左右的肉塊備用。

切除掉筋和“瘦肉”後剩餘的部分，為了方便做成串燒，將其切成寬3～4公分大小。

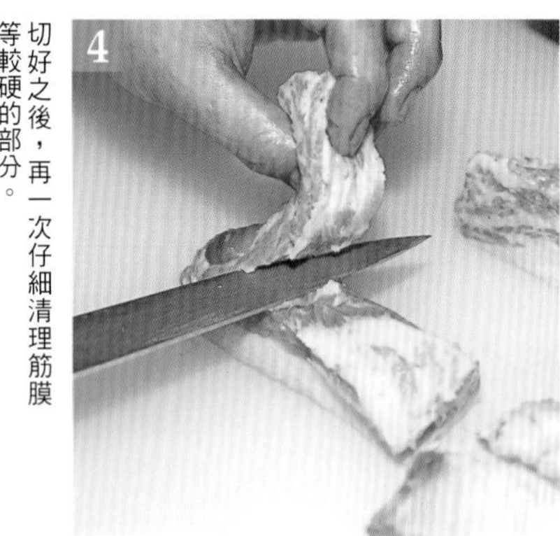

切好之後，再一次仔細清理筋膜等較硬的部分。

以拉刀切法垂直下刀，同時維持適當的厚度將肉塊切好。

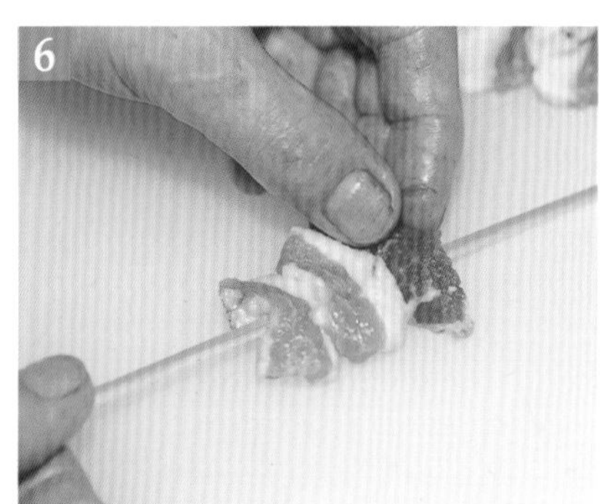

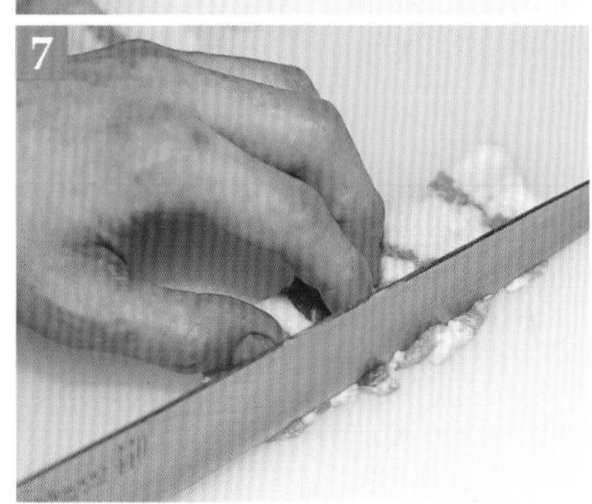

混入1塊“瘦肉”，以左右兩側大小均等的方式穿刺，接著將兩端切齊調整形狀。

將香料鹽均勻撒上，然後用炭火燒烤。

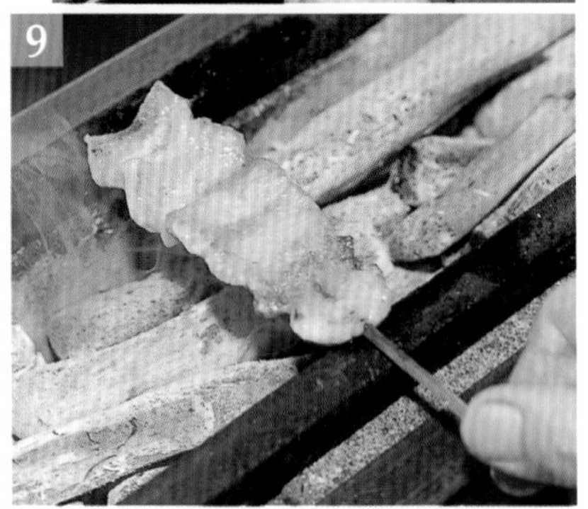

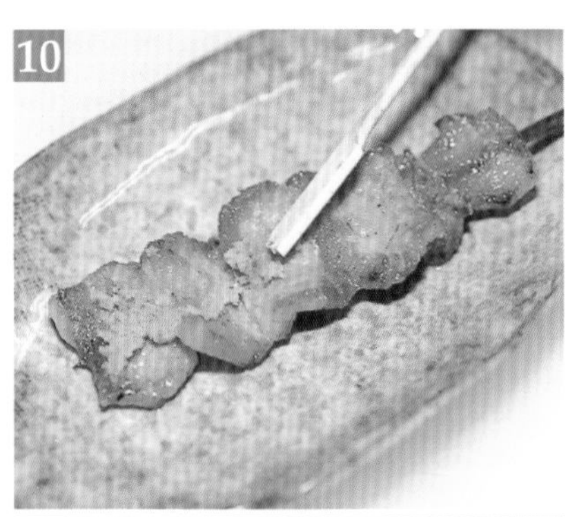

塗上大量芥末泥，接著在表面上放上滿滿大量的紫蘇絲。

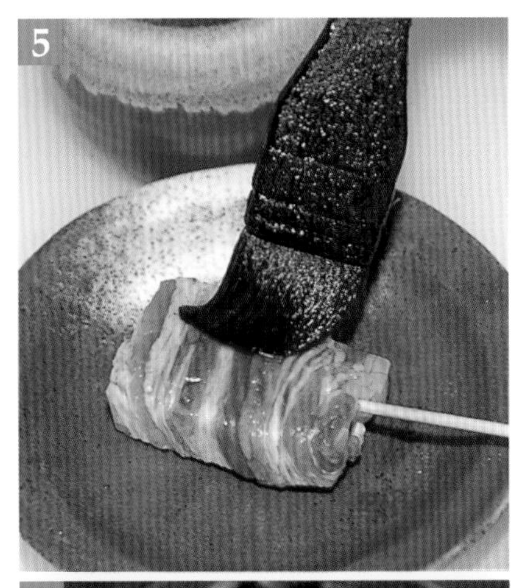

在4的表面上均勻塗抹濃味醬油後，放到熱燙的鐵網上燒烤。

視燒烤程度翻面，並再次塗抹濃味醬油。烤焦的部分用剪刀剪掉。

麻糬豬肉捲

以切片豬肋肉包裹塊狀麻糬，塗上濃味醬油後烤出香味。在成本方面也極有利潤的一種串燒。

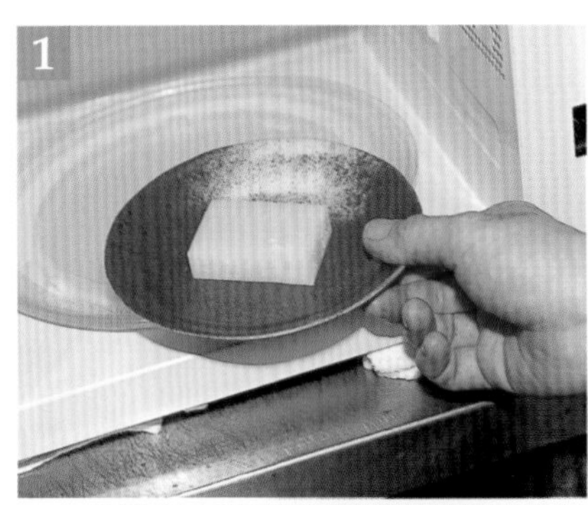

2

將切塊麻糬以微波爐加熱使其變軟，然後刺上竹籤。

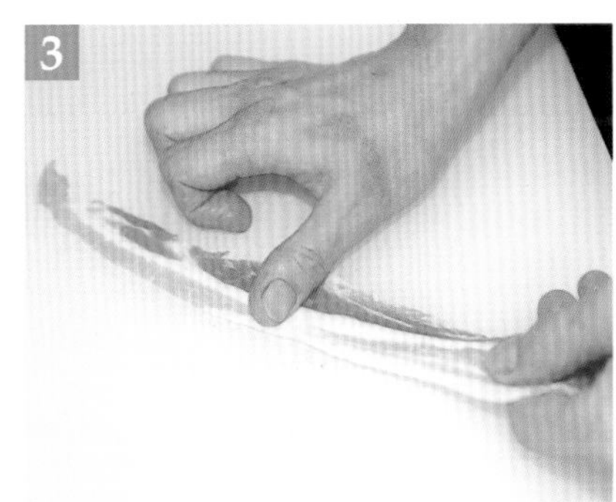

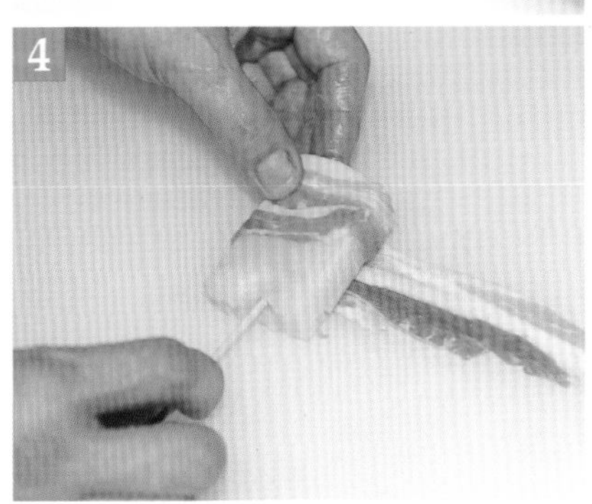

將切片豬肋肉用指頭壓著，拉長至1.5倍，接著捲到2上。

豬Toro變奏曲

韓國泡菜豬Toro

在「豬Toro」上放上切碎的韓國泡菜。泡菜的辛辣可以緩和豬Toro含量豐富的脂肪所產生的濃厚味道。

將韓國泡菜切碎，放在烤好的「豬Toro」上。

將豬內臟毫無遺漏地完整商品化
變化出品項豐富的12種豬肉串燒

琦玉・狭山丘　豬肉串燒　あぶさん　狭山丘店

在這裡，顧客可品嚐到各式各樣的豬內臟，以及大眾料理中專業性較高的豬肉料理。店家在製作料理時，不論哪種部位都以切斷纖維的方式下刀，並以味道強烈的部位放在最上方為基本要點。調味方面，無論是用鹽燒或醬燒都行，不過脂肪太多容易在燒烤過程中因為滴油讓鹽分流失的「豬肋肉」、「豬頰肉」，或鹽巴不易附著的「軟骨」、「食道」，在調味時要比其他部位更注意鹽巴的狀態。此外，店家提供鹽燒口味時，附上辣味噌是一大特點。醬燒的佐醬也隨季節作些微調整好讓食物更美味。

【地址】琦玉縣所澤市西狹山ケ丘1-2485-15 【電話】04-2949-9899 【經營】(有)ロータスキッチン・伊東久麻呂

醬料的作法

※ 1合=180cc

材料

濃味醬油	1.8L
大豆醬油	8合
酒	1.8L
味醂	1.8L
黃砂糖	1kg
上白糖	400g

1. 將酒和味醂倒入鍋中煮滾。
2. 轉成小火，倒入黃砂糖和濃味醬油後，開大火加熱並撈除表面浮出的泡沫。
3. 加入上白糖與大豆醬油，同樣將泡沫撈除。
4. 沸騰後轉小火，煮上3小時。

醬燒
（右側照片上方左起）

豬肝	100圓
橫隔膜	120圓
胃袋	100圓
直腸	100圓
膣部	100圓
子宮	100圓

鹽燒
（右側照片下方左起）

豬肋肉	140圓
豬頰肉	120圓
豬心	100圓
豬頭肉	100圓
食道	100圓
軟骨	100圓

鹽的炒法

材料

粗鹽	2kg
昆布	50g
香菇	300g
水	3L

1. 以昆布和香菇製作高湯。
2. 在1中加入粗鹽並煮到乾，然後翻炒至乾鬆狀態。

辣味噌的作法

材料

加了高湯的味噌	1kg
豆瓣醬	1.8kg
胡麻糊	500g
胡麻油	1合
濃味醬油	1合
上白糖	500g
味醂	3合
蕃茄	1個
蘋果	1個
生薑	30g
大蒜	30g

1. 將蕃茄、蘋果、味醂放進果汁機裡攪拌。
2. 把1、豆瓣醬、加了高湯的味噌、胡麻糊、胡麻油、上白糖、生薑泥、蒜泥倒入鍋內，以中火加熱。煮的時候要充分攪拌混合，以免煮焦。煮到噗嚕噗嚕冒泡狀為止。

豬頰肉

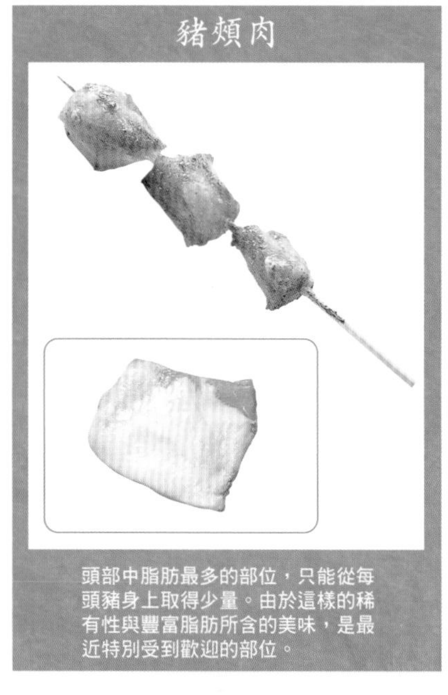

頭部中脂肪最多的部位，只能從每頭豬身上取得少量。由於這樣的稀有性與豐富脂肪所含的美味，是最近特別受到歡迎的部位。

1

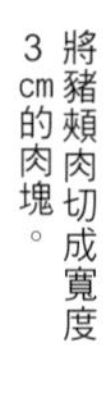

將豬頰肉切成寬度3cm的肉塊。

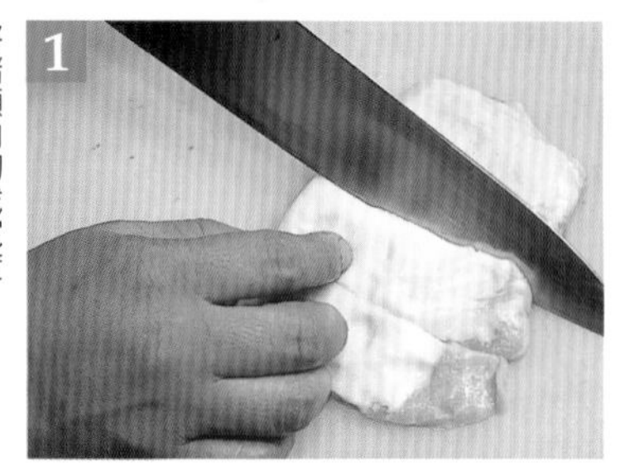

2

將1橫放後再切成2.5cm寬的肉塊。

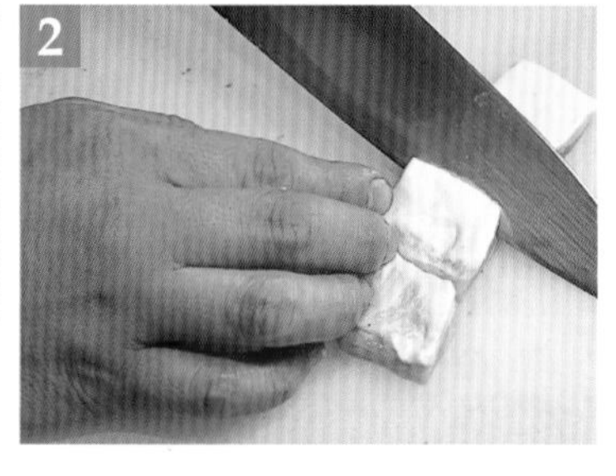

3

1串約用上3～4塊。肉較薄的放在下方，較厚的放在上方。

豬心

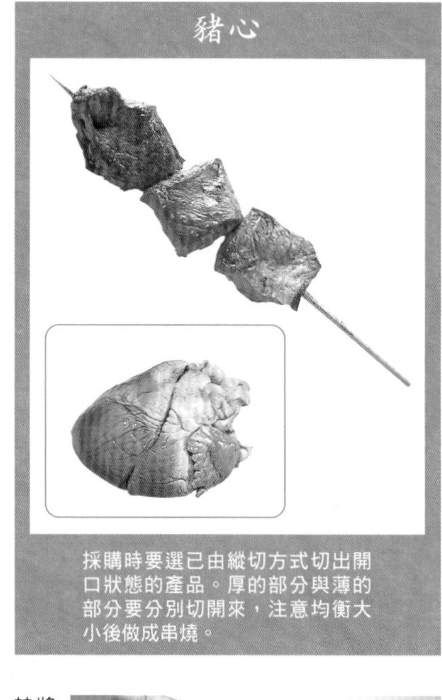

採購時要選已由縱切方式切出開口狀態的產品。厚的部分與薄的部分要分別切開來，注意均衡大小後做成串燒。

1

將心臟瓣膜部分朝上，整個切開，並將肉較薄的上半與左右部分切下。

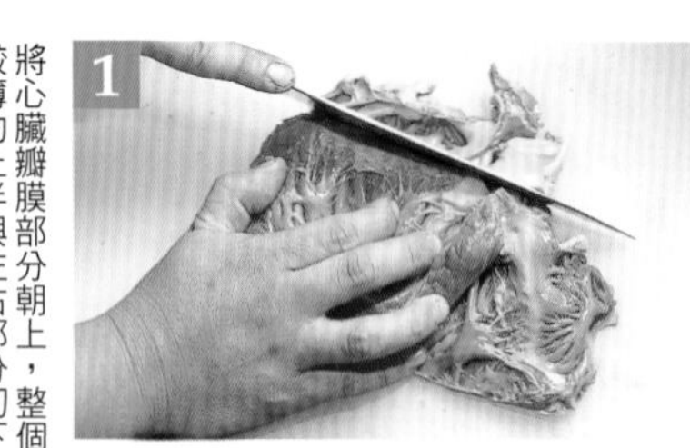

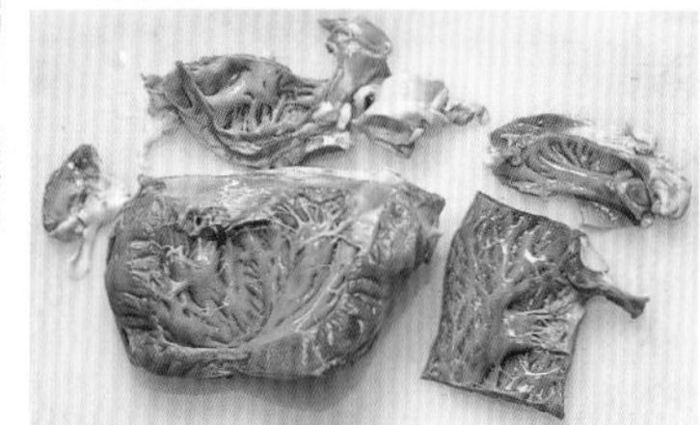

2

肉較厚的部分縱切成3cm寬的大小。

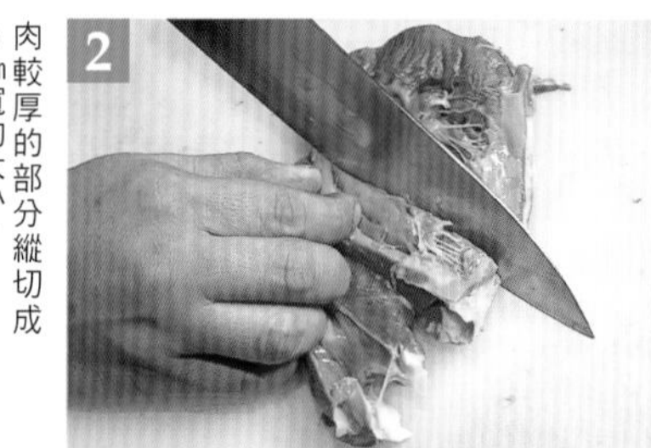

3

將2橫放，再切成寬2cm左右的塊狀。

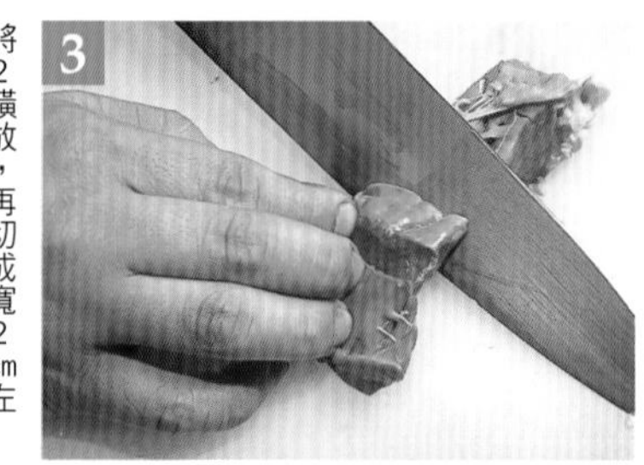

4

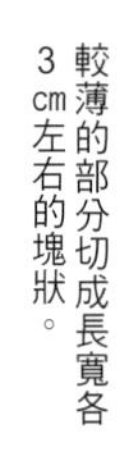

較薄的部分切成長寬各3cm左右的塊狀。

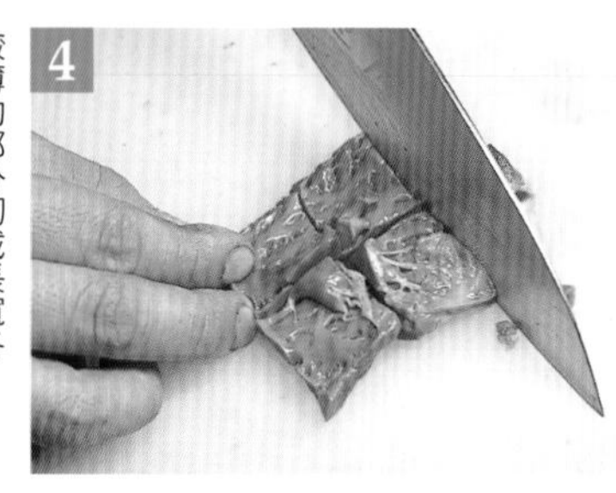

5

1串使用3塊。最下方與中間為豬心較薄的部分，最上方則放上肉較硬的部位。

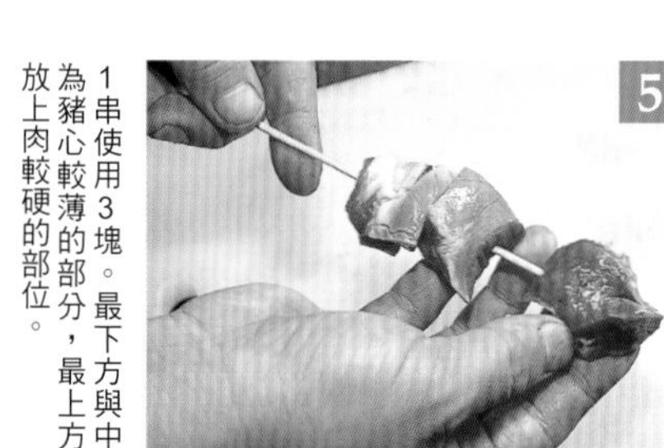

豬肋肉

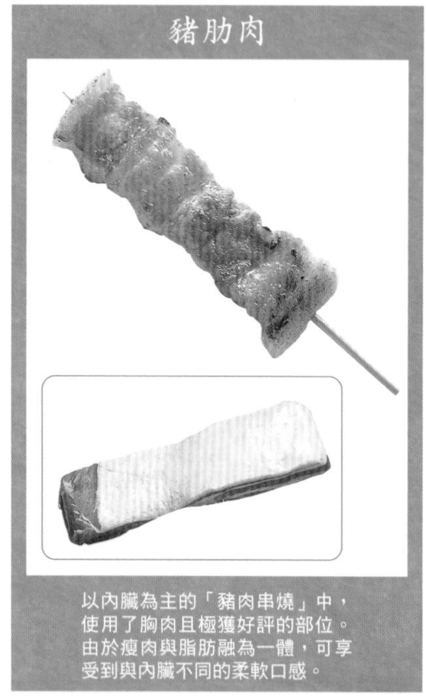

以內臟為主的「豬肉串燒」中，使用了胸肉且極獲好評的部位。由於瘦肉與脂肪融為一體，可享受到與內臟不同的柔軟口感。

1

將豬肋肉縱切成寬度3cm的肉塊。

2

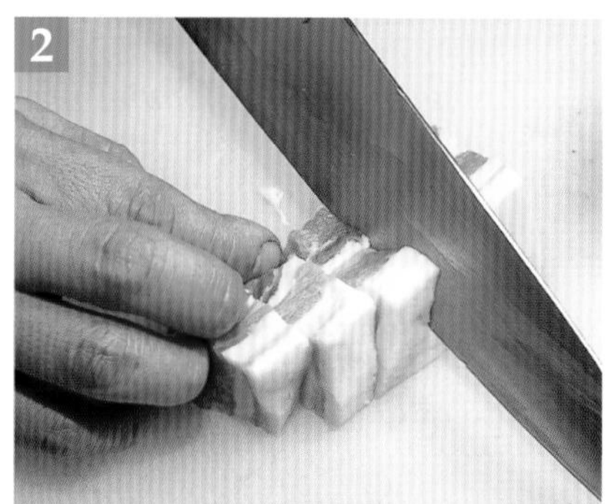

將1橫放，以2cm左右的寬度切開。

3

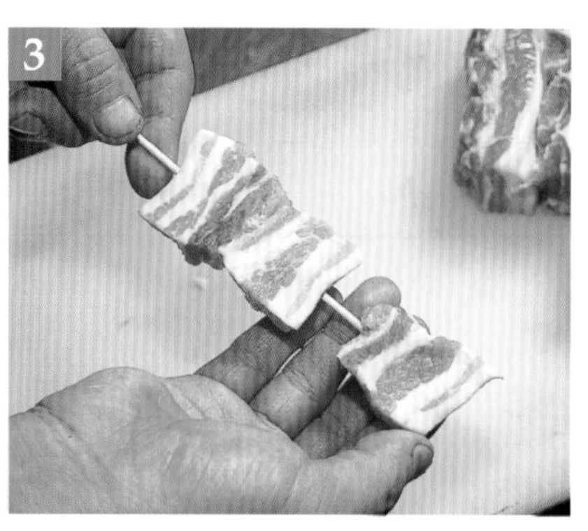

每一串串上3塊。最下方那一塊要將豬肋肉表面油脂部分朝下，而中間和最上層則將脂肪部分朝上。

食道

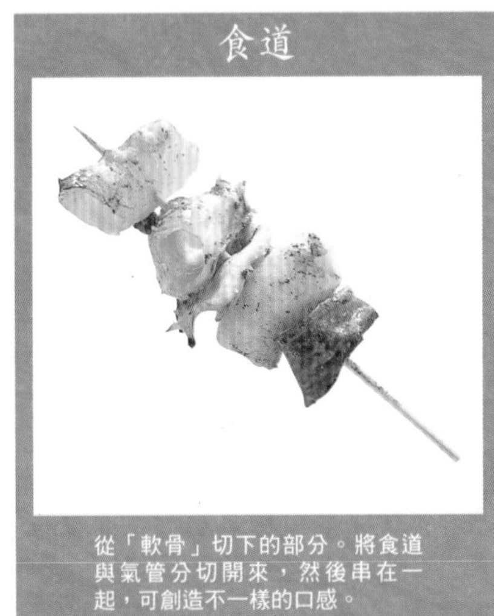

從「軟骨」切下的部分。將食道與氣管分切開來，然後串在一起，可創造不一樣的口感。

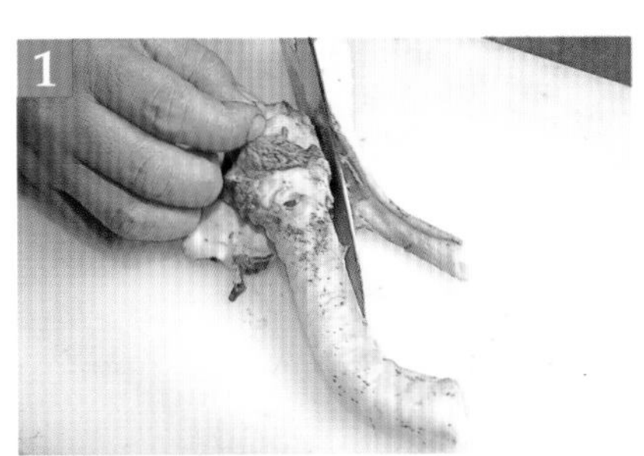

切下食道，並從中間對半切開。

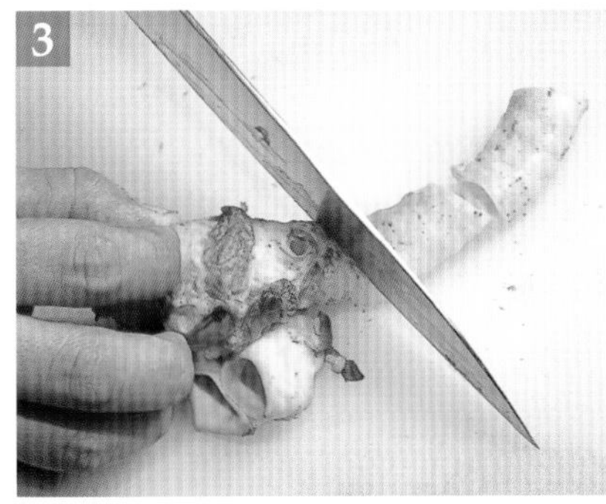

將氣管均分為6等分。

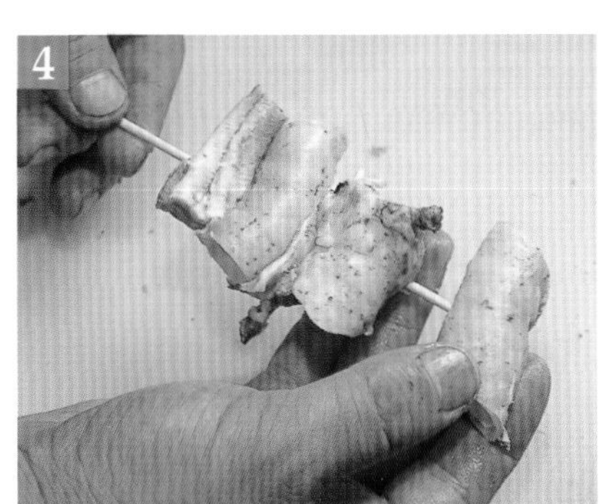

1串用上4個。最下方為食道，上方則是氣管。

軟骨

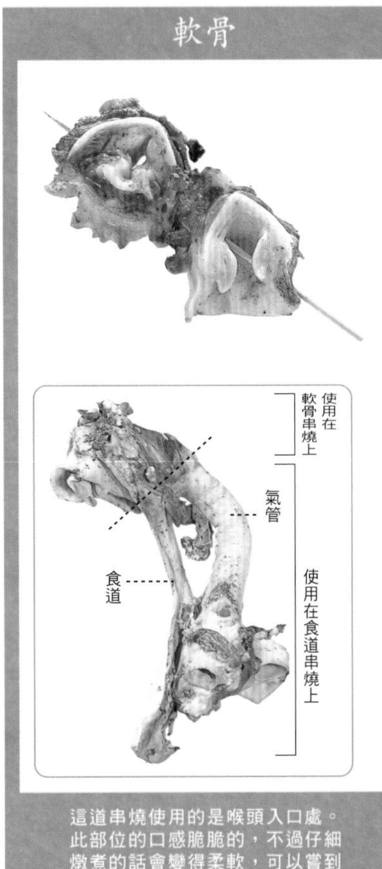

這道串燒使用的是喉頭入口處。此部位的口感脆脆的，不過仔細燉煮的話會變得柔軟，可以嘗到與一般軟骨不同的絕妙滋味。

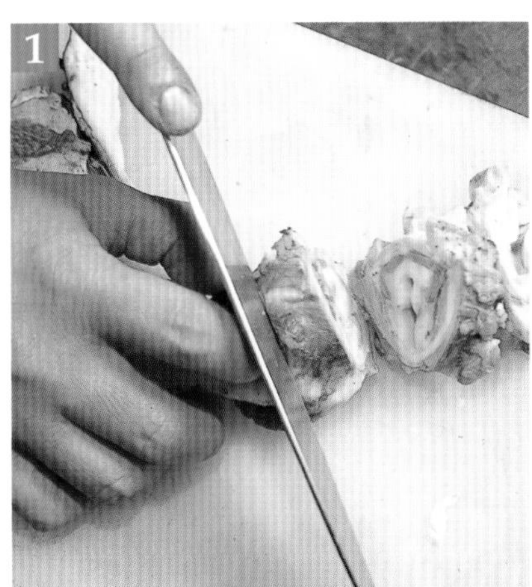

燉煮4小時後，將已呈膨脹狀態的咽喉部分切成4～5等分，運用在「軟骨串燒」上。下方的氣管與食道則使用在「食道串燒」（照片左）上。

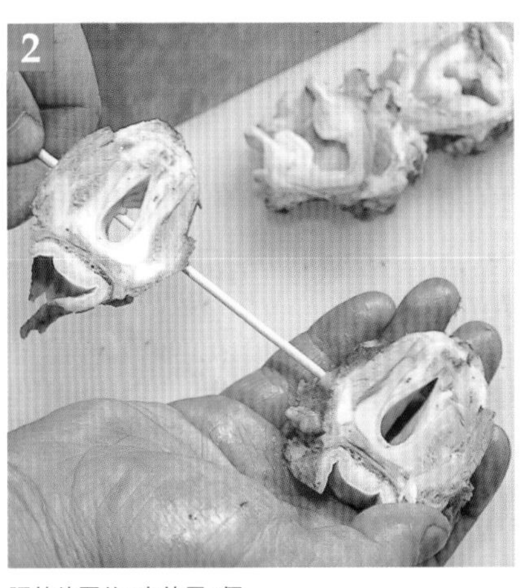

調整位置後1串使用2個。

豬頭肉

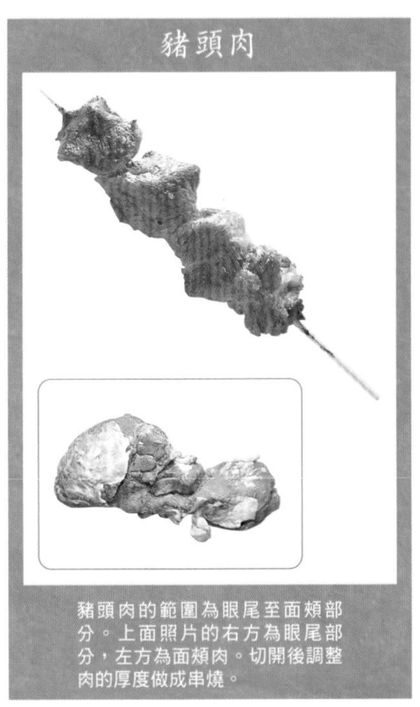

豬頭肉的範圍為眼尾至面頰部分。上面照片的右方為眼尾部分，左方為面頰肉。切開後調整肉的厚度做成串燒。

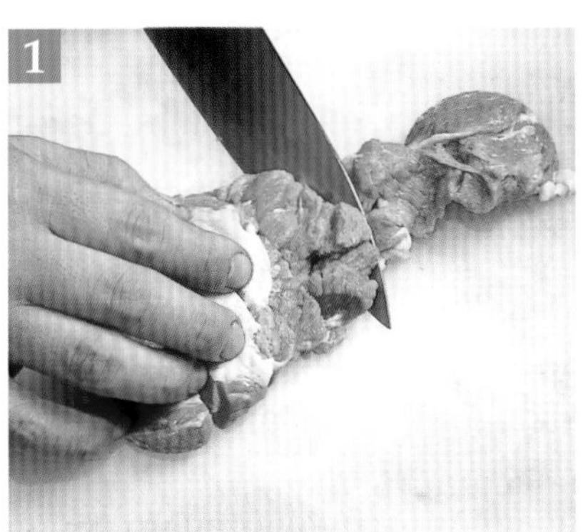

將豬頭肉縱切成2cm寬。

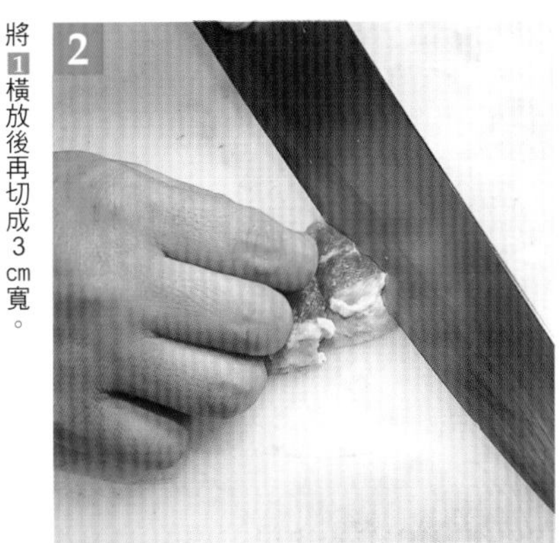

將1橫放後再切成3cm寬。

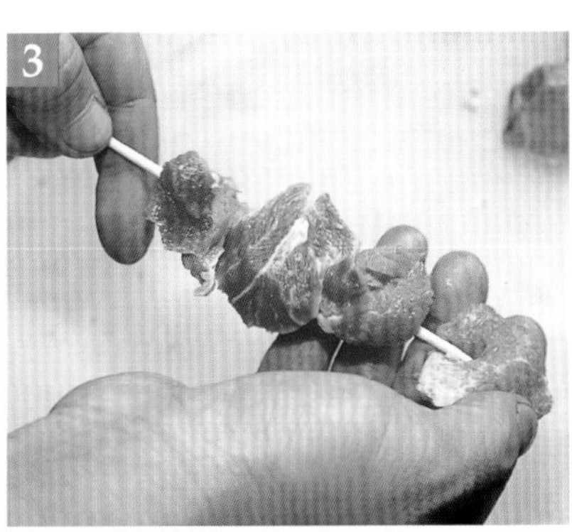

1串約3～4塊。最上方與最下方為肉較薄的部分，中間則串上較厚的部分。

胃袋

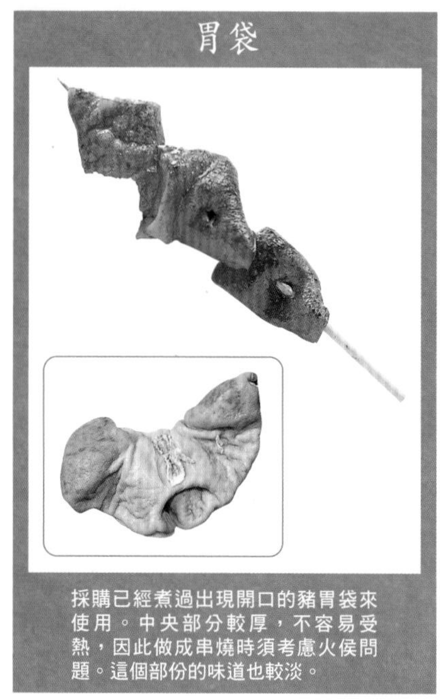

採購已經煮過出現開口的豬胃袋來使用。中央部分較厚，不容易受熱，因此做成串燒時須考慮火侯問題。這個部份的味道也較淡。

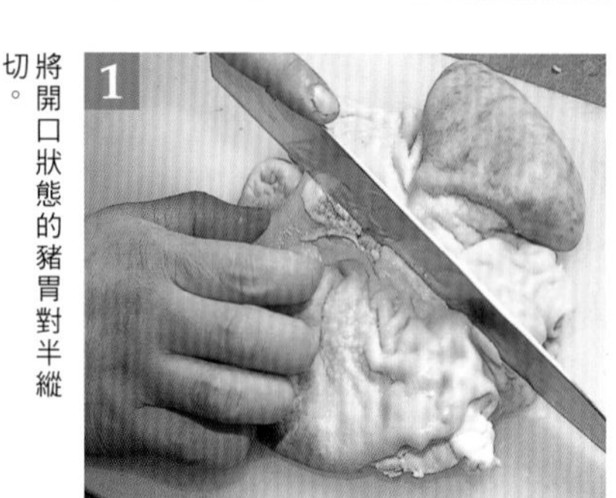

將開口狀態的豬胃對半縱切。

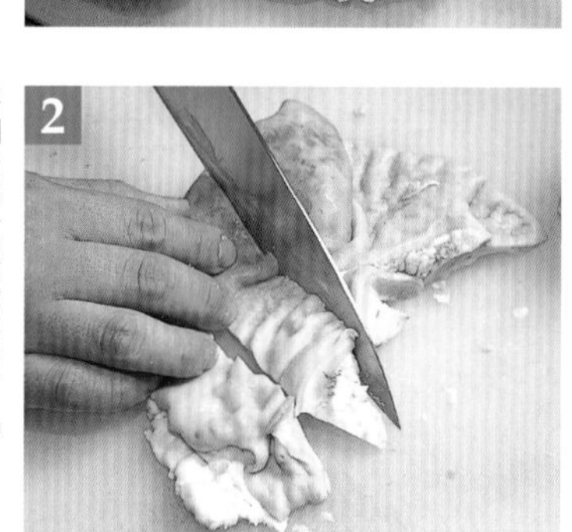

將1的部分橫放切成寬3cm大小。

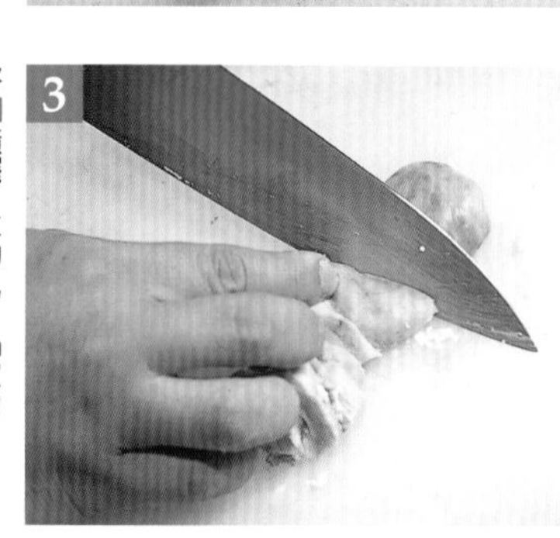

將2橫擺，再切為2cm寬的塊狀。

1串用上3塊。最下方最薄，中間較厚，最上方則使用最厚的部分。

豬橫隔膜

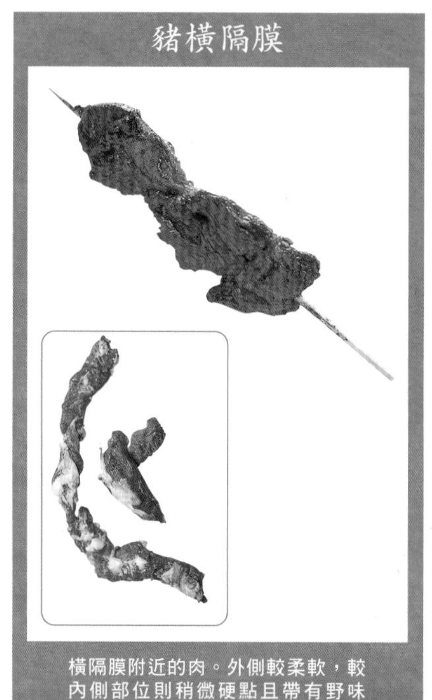

橫隔膜附近的肉。外側較柔軟，較內側部位則稍微硬點且帶有野味感。不要將內外側分切開來，串刺時肉較厚的部分在上方。

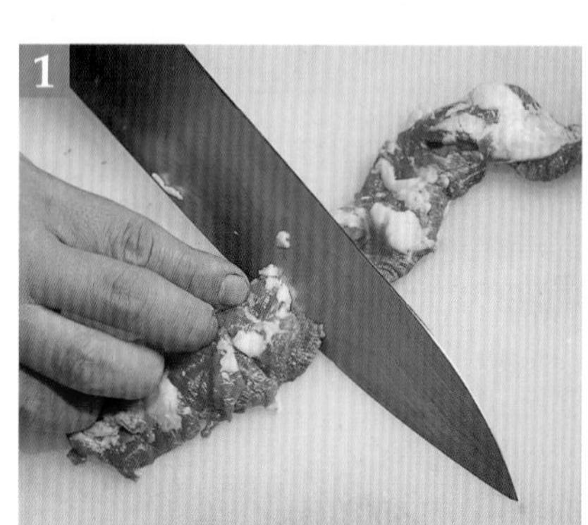

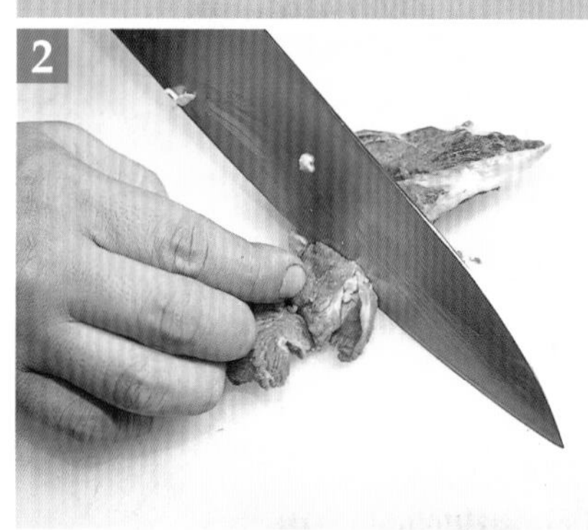

將內外側橫隔膜以3cm寬幅切開。

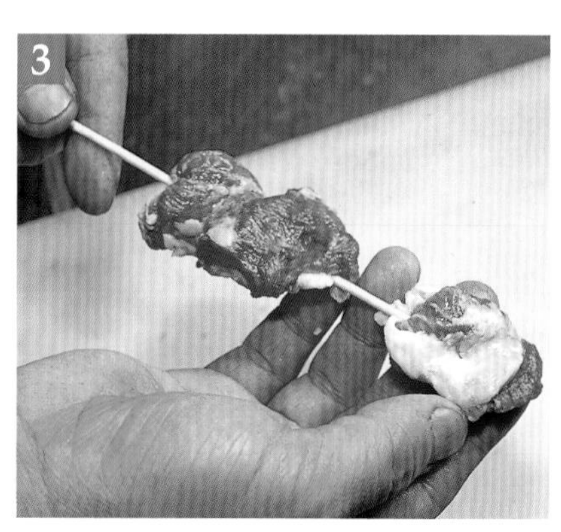

1串使用3塊。最下方最薄，上頭則用較厚的肉塊。

豬肝

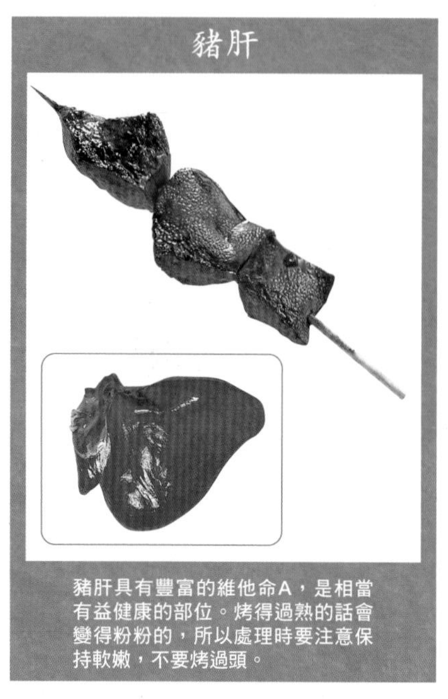

豬肝具有豐富的維他命A，是相當有益健康的部位。烤得過熟的話會變得粉粉的，所以處理時要注意保持軟嫩，不要烤過頭。

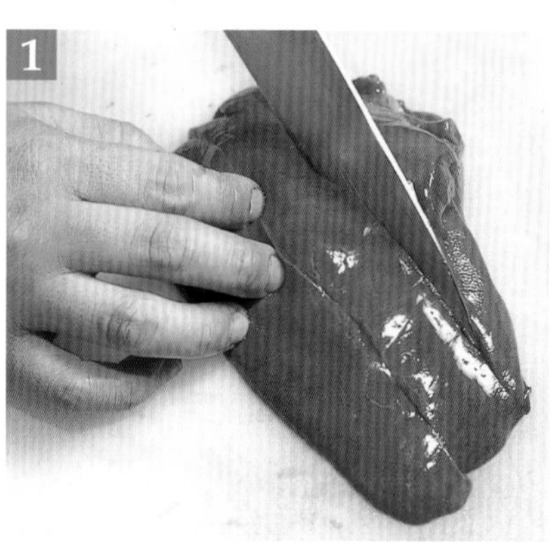

將豬肝縱切為3～4cm寬的長條狀。

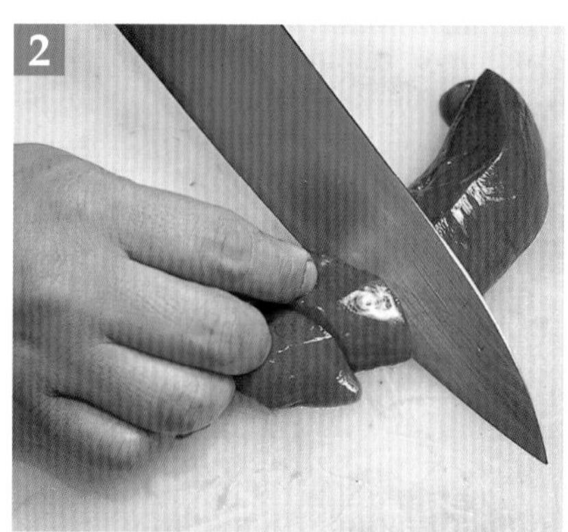

將1橫放後再切成2cm寬的塊狀。

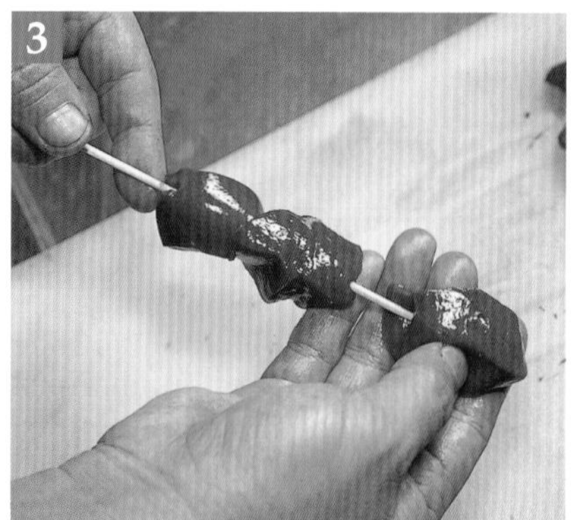

1串使用3～4塊。最下方厚度最薄，上方則較厚。

膣部

從子宮切離的膣部也可以做成串燒。因為有些臭味，所以一般都在煮熟之後才會拿來使用，不過材料新鮮的話用在串燒上很好吃。

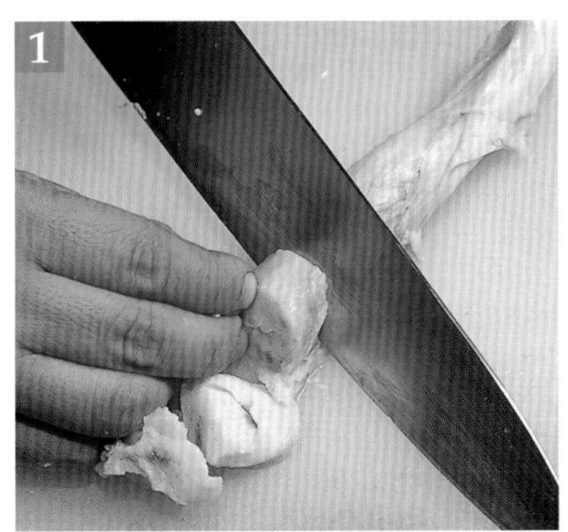

將膣部以稍微斜切的方式切開

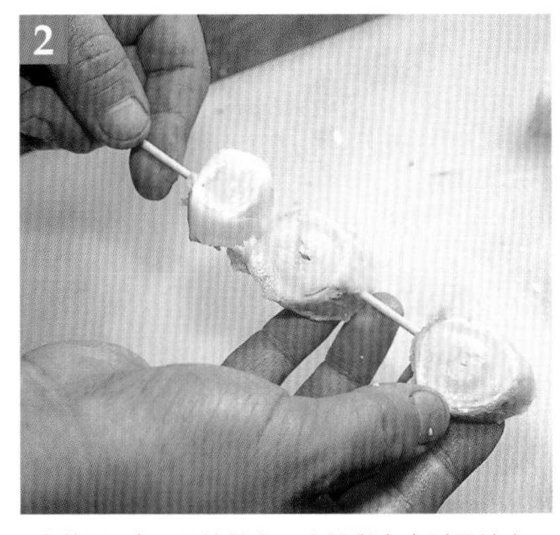

1串使用3塊。下端最小，中間與上方則用較大的部分。

子宮

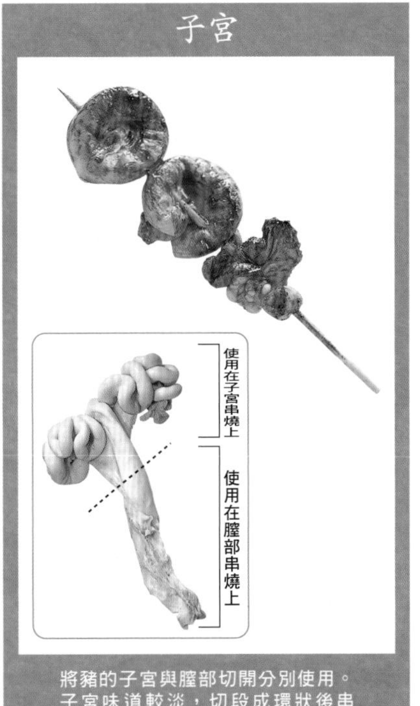

將豬的子宮與膣部切開分別使用。子宮味道較淡，切段成環狀後串起。這個部份的口感柔軟，脂肪也比較少。

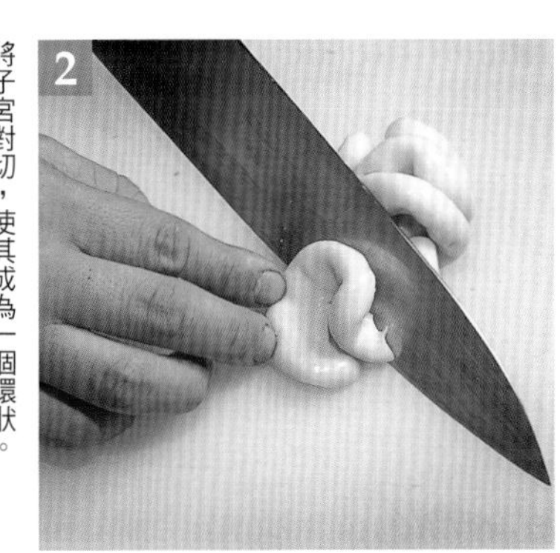

從子宮與膣部連接處下刀。

將子宮對切，使其成為一個環狀。

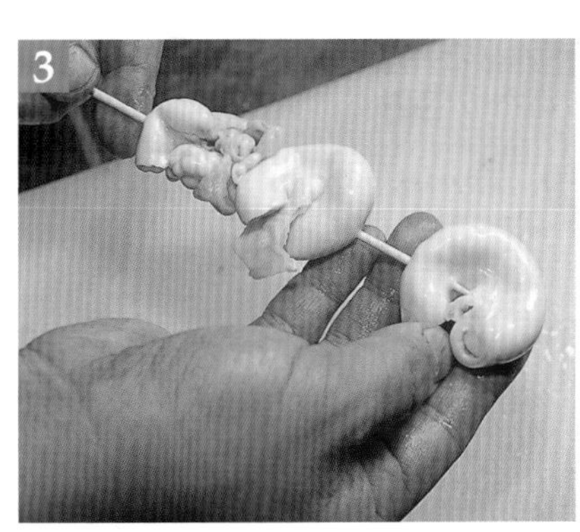

1串使用3塊。從形狀較小的開始順序處理。

豬直腸

選擇生鮮狀態的直腸進貨，接著煮上2～3小時去除腥臭味。較寬的部分脂肪含量多些，所以味道也較為濃厚。

採購生鮮豬直腸後，煮上2～3小時。

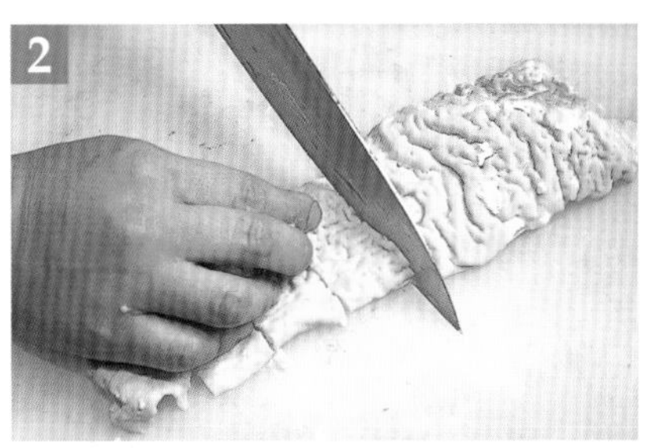

寬的區塊放在左邊，然後切成3cm寬的塊狀。

將2橫放繼續切。含有脂肪，較寬的部位切成3等分，脂肪少又狹長的部分則對半切。

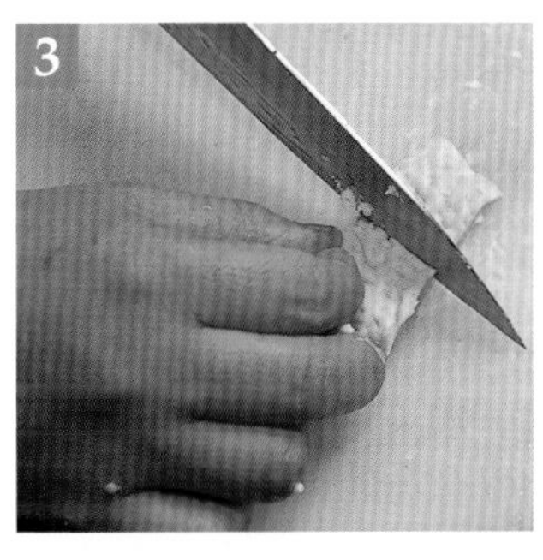

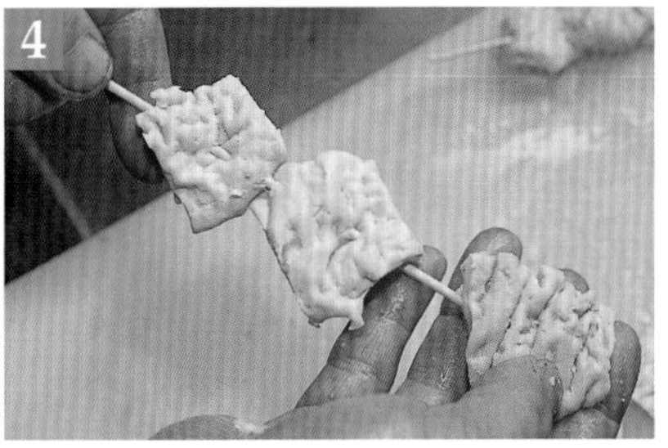

1串用上3塊。中間與下方使用脂肪少的部位，最上方則串上具有脂肪的區塊。

經營串燒店的採購研究

所謂採購是店舖的生命線，這一點套用在串燒店仍然適用。在此介紹雞肉的挑選與採買方式，還有燒烤台・加熱調理機(griller)等料理機器、炭，以及燒烤時不可或缺的鹽、沾醬等調味料之選定等。只要能掌握全盤均衡來進行營運的話，就可以創造出吸引顧客的店家。所以這些對採購來說是非常重要的切入點。

雞肉的採購

雖然總括稱為雞肉的採購，不過狀況會因燒烤店的經營型態而有巨大的差異。譬如說，講究特定銘柄的地雞專賣店與採買整隻雞的店家通常會分作不同的個案。另外也有採買各部位雞肉後自行處理成串的店家，以及購入已經加工完成的雞肉串來使用的燒烤店等，實際上有各種不同的情況。最好是考量自家店舖的經營型態，選擇最適合的採購方式。

如果首要考量是強調與其他店家的差異性，那麼採購「地雞」、「銘柄雞」（譯註：「地雞」指的是當地培養的雞種，血緣上以日本在來種為強；「銘柄」即是brand、品牌之意）可產生效果。標榜著「○○雞使用店」的店家眾多，得品嚐這些人氣餐廳的味道，找出「就是這個！」的雞肉來。不過，根據銘柄的不同也有分為容易獲得或是難以得手的雞肉。其主要原因是生產規模和物流路線的整備，而採購業者的採買能力也有相當的差異。如果擁有任何業者都能夠進貨的銘柄，同時也有特定業者才可獲取的銘柄雞肉時，就可以針對各種目的開拓多項的採購進貨路線。這時候，直接聯繫生產地，請對方介紹離自家店面較近的採購業者也是一個方式。最近有許多生產者開設了網站頁面，傾向積極地銷售商品，所以也可以對名氣不高的銘柄雞肉進行少量的測試與使用。

不光是銘柄，根據採購業者的經營模式，雞肉的品質也會有大幅的差異。近日來，採購全雞進店自行處理的採購業者銳減，取而代之的則是採買經過雞肉處理場分解後的商品；目前大多數以這類型態進行販售。特別是針對內臟沒有摘除的全雞，在處理上必須擁有「食用雞處理衛生管理者」資格，因此講究內臟類商品鮮度者，必須審慎選擇採購業者。

尋找最符合自家需求的雞肉

通路中流通的雞肉多半以公雞為主，若為了在口感或味道上追求變化，採購母雞作為銷售商品的一種嘗試也是不錯的方法。另外，輸卵管及未成熟的蛋黃只有從母雞身上才可取得，因此如果希望以「卵黃」、「卵管」等稀少商品來作為特色區別者，其使用的雞肉則必然是以母雞為主。

此外，雞肉也具有地區性，氣候迥異的東北與九州就因為季節而對脂肪部位的喜好有所差異。比方說，宮崎等地有喜歡較硬口感的傾向，相較之下，東京地區則較中意柔軟的口感。還有，高齡顧客較多的店家，與其使用口感結實的雞肉還不如使用柔軟適中的來得討喜等等，美味的定義會因為店舖條件有所異動。而在其他料理方面，最適合料理的雞肉品項也會有所改變。飼育期間較長的「地雞」口感良好，適合使用在絕大部分的料理上，但串烤是最恰當的做法。鍋料理的話，以壯實的鬥雞系，這種耐烹煮不易潰散的雞肉最為適宜。

「地雞」、「銘柄雞」的種類已較往日增加了許多，今後可以更加期待的是高品質的銘柄雞登上檯面。而店家最好盡量深入探索雞肉的知識，將採購導向最有利益的方向。

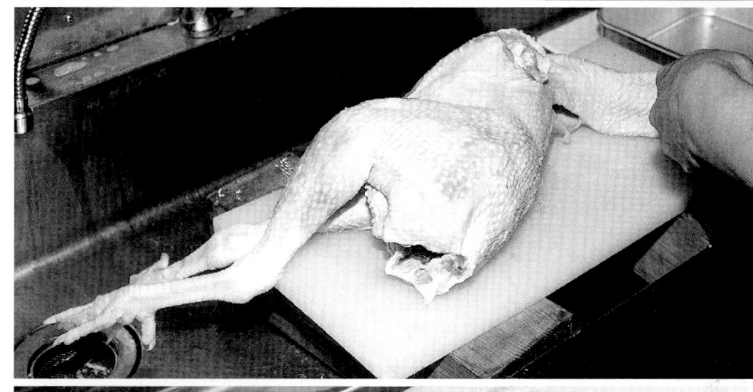
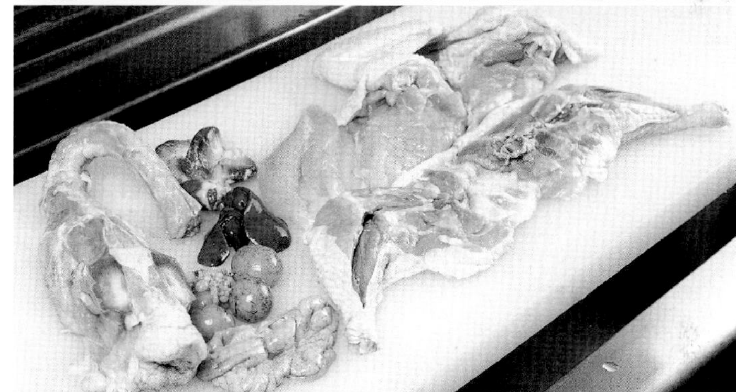

購入全雞的時候，除去頭部並摘除內臟是基本項目。想處理帶頭帶內臟的雞隻，必須擁有「食用雞處理衛生管理者」資格。此外，將各種部位進行良好的商品化，可成為創造自家特色的強大武器。

雞肉進貨後的鮮度管理必須多加留心。特別是內臟類，放置許多冰塊後再進行冷藏為佳。

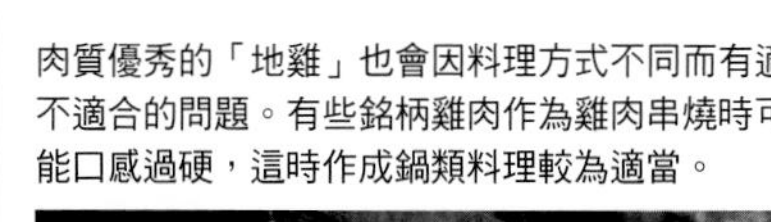

肉質優秀的「地雞」也會因料理方式不同而有適不適合的問題。有些銘柄雞肉作為雞肉串燒時可能口感過硬，這時作成鍋類料理較為適當。

地雞、銘柄雞的知識

受到現代人對食材安全性關心度大增的影響，近幾年食材的名牌化傾向也增強許多。而在這樣的背景條件下，最近常可在串燒店看到標榜「地雞」、「銘柄雞」等稱呼的雞肉。「地雞」的名稱本身受到10多年前的「地雞熱潮」影響，現在這個名稱已顯得較為普遍且一般化了。事實上，超市的雞肉賣場等地也會販售標有「地雞」二字的雞肉商品，它已經成為身邊隨處可見的事物。

說起來，具有這個「地雞」與「銘柄雞」等相似名稱的雞隻，究竟有何不同呢。就一般認知而言，這兩種都可以輕易的歸納其出肉質比肉雞來得優秀，是具有高級感的雞肉。而且兩方都同樣會以「○○雞」、「△△雞」等銘柄名稱為號召，標榜「本店注重口感品質，特使用○○雞為食材」，即使不對顧客詳加介紹，也容易讓人認定那就是「地雞」。不過「地雞」與「銘柄雞」之間已有嚴密的定義區別。在此就來詳細介紹這兩種雞肉的差異與特徵。

依明確定義分類的「地雞」與「銘柄雞」

「地雞」與「銘柄雞」均可統稱為「國產銘柄雞」。這是根據平成7年㈳日本食用雞協會為了將雞農在品種、系統、飼養方法以及飼養期間上，下工夫培育的優秀品種與普通肉雞作出區別而賦予的定義。並且依據平成11年日本農林規格（特定ＪＡＳ），為「地雞」訂定了更詳細的規範。

根據這個結果，「地雞」一稱便是依據左頁表格定義出來的。自古以來便存在於日本的品種，和明治時期日本國內品種與外來種配出的品種稱為在來種。將這類在來種互相配種，為在來種１００％，而非在來種則為０％，兩種再互相交配後，在來種由來血液百分率在50％以上。另外，自孵化日起，經過80天以上的飼養，並在雞隻28日齡後以１㎡區域10隻以下飼育視為平飼。

使用「地雞」、「銘柄雞」，在強調優質素材的販售行為上非常有效。是商家會希望在顯眼處積極宣傳的題材。

地雞肉的日本農林規格（特定ＪＡＳ）──用語的定義

在來種	至明治時代日本國內成立或是已經導入的雞隻品種，如下記。會津地雞、伊勢地雞、岩手地雞、英吉地雞、烏骨雞、鶉矮雞、沖繩地雞、英國種雞、橫斑Plymouth Rock、沖繩髯地雞、尾長雞、河內奴雞、雁雞、歧阜地雞、熊本種、九連子雞、黑柏雞、交趾雞(Cochin)、聲良雞、薩摩雞、佐渡髯地雞、地頭雞、芝雞、軍雞、小國雞、矮雞、東天紅雞、蜀雞、土佐九斤、土佐地雞、對馬地雞、名古屋種、比內雞、三河種、蓑曳矮雞、蓑曳雞、宮地雞、羅德島紅雞。
平飼	在雞舍內或屋外，讓雞隻在地板或是地面上自由活動、運動的飼養方式。
放養	平飼時，會在白天將雞群放在屋外飼養的方式。
在來種由來血液百分率	在來種100%，而非在來種則為0%，交配品種雙方的在來種由來血液的1/2值合計而成的數值。
雛雞	具有在來種由來血液百分率50%以上，可證明出生（在來種源由系譜、在來種由來血液百分率以及孵化日期的證明）。
飼育期間	自孵化日起經過80天以上的飼養。
飼育密度	雞隻28日齡之後，以平飼方式飼養。
飼育方法	雞隻28日齡之後，以１㎡區域10隻以下的方式飼養

（平成11年7月21，農林水產省）

相較之下「銘柄雞」指的則是雞隻雙親為肉種雞，且飼料內容、出貨的日齡等與尋常飼養方式不同，特別花費心思；肉種雞是增重優異的雞種，大致分為赤雞（Shaver red broiler、Red Cronish、Red Plymouth Rock、Poulet Noire等）以及肉雞（White Cronish、White Rock等）。相對於「地雞」從血統到飼養方式鉅細靡遺的定義，「銘柄雞」則是因飼養的方法及所下工夫不一，可將肉雞培育得更上一層的雞種。

順帶一提，「肉雞」(broiler)在美國是稱呼食用雞規格的用語，而在現在的日本則是總稱為食肉用的年輕雞隻，50～60日齡左右便可出貨。

這樣看起來，所謂的「地雞」在過去「地雞熱潮」的時候只特別強調與肉雞的差別之處，讓人留下有些模糊曖昧的印象。但是像現在這樣明確的定義施行後，將會成為對現代人具有相當訴求力量的高品質食材。

不過，此處的主題講的是「地雞」與「銘柄雞」的不同，所以絕對不會只說明「地雞」的優勢，而讓「銘柄雞」在論述相比之下差了一大截。「地雞」和「銘柄雞」都是雞肉中的一個分類，並沒有哪方較為優秀的情形。就像以壽司店而言，不可能說出「只有近海的本鮪魚才是真正的鮪魚」，雞肉方面也是同樣的道理。配合自家顧客客層以及個人消費單價來選用最適合的雞肉，這可說是比任何事情都重要的要點。

燒烤台、加熱調理台的選擇方式

串燒雖然是將雞或豬等材料穿刺成串後加以火烤，這樣簡單的調理即可完成，但是燒烤時微妙的火候大小能增添食材的美味，相反的也可以抹殺風味。燒烤料理人的技術好壞能夠大大影響滋味好壞，而使用的燒烤台或加熱調理機器的性能也同樣會產生影響。要選擇那種機器來使用，可說是與食材採購同樣重要的事情。

供應給店家的燒烤台、加熱調理機不斷改良，呼應在使用側鋪上細目烤網這種需求的產品也堂堂登場，店家將可更輕易地選擇適合的產品來使用。

由熱源的特性、店面的條件、販賣方式來檢驗機種

使用在串燒上的燒烤台、加熱調理機依熱源大略分為炭火、瓦斯式、電氣式三個種類，這應該是串燒店家都知道的事情。燒烤者的料理技術、烤至理想狀態的速度、料理場的速度、還有進貨成本與水電費等問題，根據地點不同，例如位在高樓大廈或地下街的店可使用的熱源便受到限制，配合這些條件作出綜合判斷後，再選擇機器不但更有效率，同時還能搭襯店舖的形象。炭火、瓦斯、電氣等熱源的差異不在於哪個對燒烤的料理更有助益，充分了解每種模式的特徵，將它的機能與效果加以活用才是必須且必要的重點。通常人們會有用炭火燒烤的店家其料理味道較好的觀感，但若讓技術不好的人去烤的話，食材焦掉不說，還容易讓整間店煙霧瀰漫，如此非但無法引出炭火的魅力，顧客也容易流失。而即使是使用瓦斯或電器的機台，有些也是可以達到近似炭火燒烤的功效。

另外，對於串燒這種類型的商品，顧客會有強烈的念頭，希望在點菜後馬上就有東西可吃。所以如果燒烤時間較長的話，會引起客人焦躁，也容易引發不滿。繁忙時段哪邊點了什麼菜式等等，就成了重要且應該重視的事情。而最近因應這種需求，能縮短燒烤時間的機種也堂堂登場。

選擇不容易出煙或發火的機台也是重點之一。冒煙的話會影響到清潔感與整個氛圍，當然也會讓店家頭痛，且清掃與機器的維修都會成為沉重負擔。根據熱源特性、以哪種方式烹調的燒烤比較好賣來考量，然後好好的選定燒烤台和加熱調理機吧。

燒烤台・加熱調理機人氣機種介紹

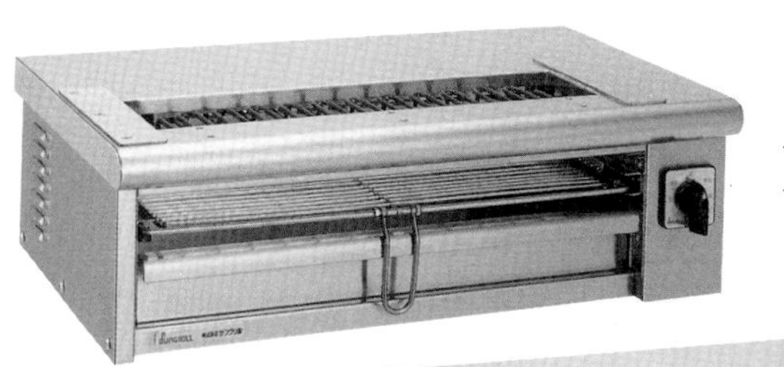

DRA龍GON
ドラゴン

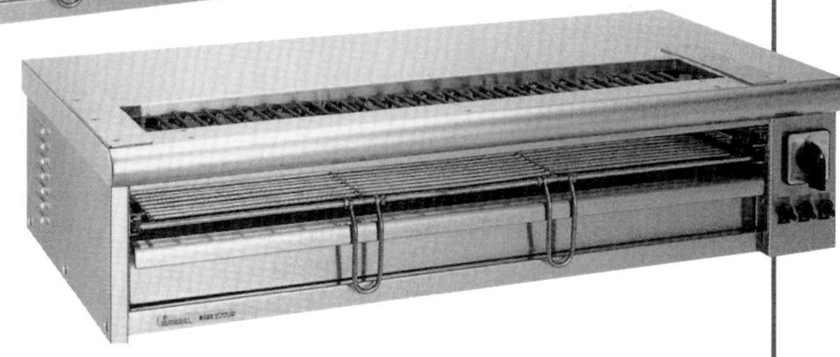

適合小規模店面的低壓式電氣加熱調理機。雖是小型機台，卻可使用上火、下火；火力具有與大型機台相同的強度。強火940℃、中火880℃、弱火800℃三段切換，肉雞串約6分鐘、內臟串約4分鐘即可完成。

串燒專科

以不會出煙的串燒專用電氣加熱調理機與料理台組合而成，能大幅提高燒烤時的作業速度。火力可由瓦斯溫度到備長炭的溫度進行三段切換，可烤出絕佳狀態。

◆洽詢電話
TEL：03-3964-6821

ヒゴグリラー

萬能模式桌上型

從烤全魚到串燒，因應多種菜色而產生的萬用機能設計電氣加熱調理機。不容易產生煙霧，火力超強之外，熱量也能做三段調整，十分經濟實用。除桌上型外，另有置地型。

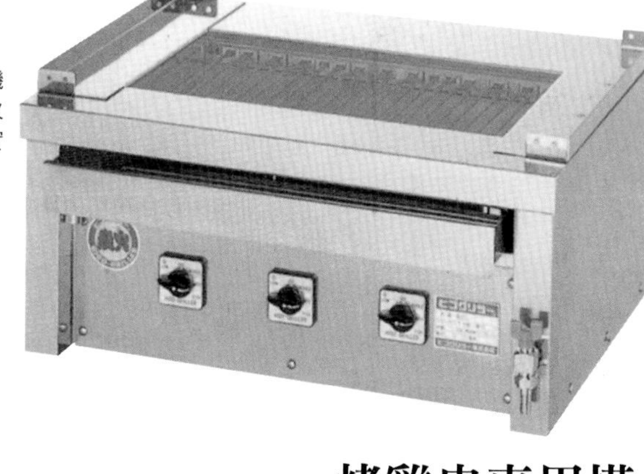

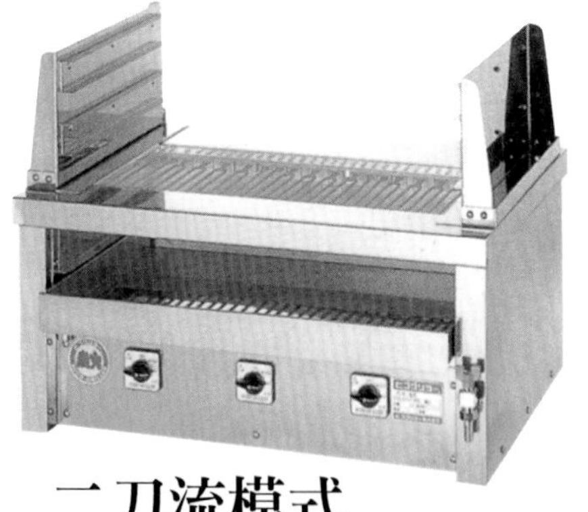

二刀流模式桌上型

一台就可上火、下火兩面燒烤，實現高效率的串燒調理。開火後只要90秒便可達得850℃的強火。除了適合燒烤之外，較費時的烤魚、醬燒料理等也可以烤得完整漂亮。

烤雞串專用模式置地型

開火後只要90秒便可達到850℃的強火，是一台具備理想機能，燒烤專用的電氣加熱調理機。又因為可在一定程度上自動調整火力，所以在人手較少的店面時特別能發揮其威力。從置地型到桌上型，機種豐富齊全。

◆洽詢電話　TEL：06-6791-5251

使用炭火燒烤的串燒店大多需要的木炭專用鍋爐。炭烤的遠紅外線效果能留住食物的美味，也可在短時間內完成燒烤。安全性高的「耐火素材貼」與機能性高的「不鏽鋼製」機台齊備，且能配合店家的用途訂製生產。

貼上耐火素材的木炭鍋爐

不鏽鋼製木炭鍋爐

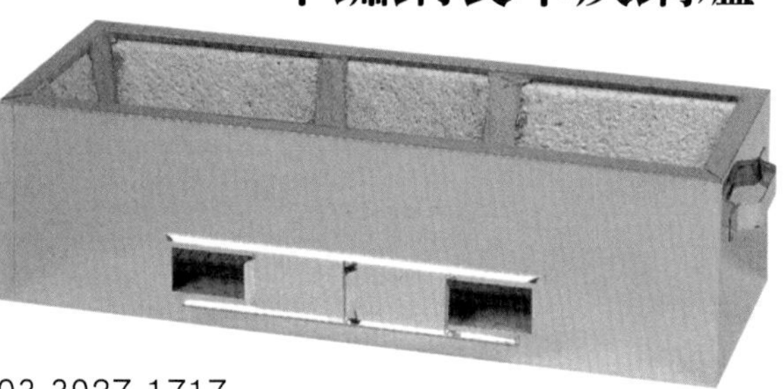

◆洽詢電話　TEL：03-3927-1717

照姫

炭的知識、炭的使用方式

因為具有遠紅外線效果，被視為烹調食物的最佳素材，因此許多串燒店非炭火燒烤不用。雖然總稱叫做炭，但實際上它的種類相當豐富。如果想要引出炭火燒的魅力，除了了解各種種類的炭的性質之外，還要知道如何使用炭火才能提升它的效用，而在成本方面，也必須考量自家店舖的實際情形後，再來選擇適合的炭火。以下列舉木炭專賣店的建議。

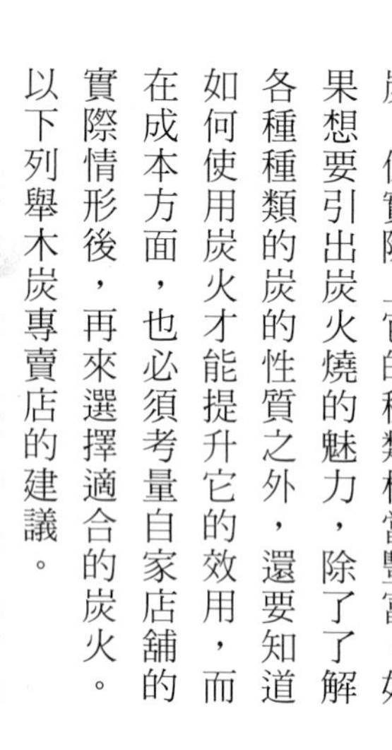
木炭自古以來便被當作燒烤調理的熱源來使用。這段歷史的長度正可說明對燒烤而言，使用炭火是最為理想的。時至今日，木炭的種類增加很多，選擇空間也越來越寬廣。

針對串燒店開發而出的原創備長炭大受好評

廣備

只要提到炭，就會聯想到「備長炭」，這種既定印象非常強烈。所謂的備長炭，是自然生長的木頭經過製炭過程之後，所產生的天然炭中最高等級的炭，不過在日本農林規格的規定中，硬度在15度以上的炭均可標示這個名稱。很多人認為只有和歌山紀州所產的才算是備長炭，然而，除了日本各地之外，中國、東南亞等地也有生產並且輸入至日本。

不過近幾年來，取得木炭的環境背景有了重大改變。２００４年10月開始，中國產的木炭禁止輸出。中國以保護國內森林為由，頒布全面禁止木炭輸出的禁令，造成日本國內無法獲得中國產的備長炭。至目前為止，日本所消費的備長炭除了國內產品之外，實際上多半仰賴自中國進口。身為商業用備長炭專門店㈲廣備常務取締役的濟陽康平表示：「在中國的禁止令方面，無法輕易論斷往後將會變成什麼情況，但是日本國內產的備長炭有燒炭師傅高齡化以及後繼無人等的困難，由此可感覺到日後產量大減的隱憂，而重新檢視機製木炭的趨勢將大增，此外，也可看出既存店家朝使用機製木炭這個方向變更的傾向。」

擁有方便使用的球狀 可與天然炭匹敵的備長燒

相對於以天然木材進行製炭的天然炭，將製作木材的過程中所產生的碎屑以高壓壓縮製成的人工炭便被稱作機製木炭。其通常是中心具有空洞的四角、六角或八角型筒狀。與天然炭相比，硬度較低、較柔軟，因此也較易點燃，可在短時間內獲得強大火力。此外，在急速加熱時，和天然炭一樣，具有不易爆開的安全性，並且擁有輕易分割大小、使用方便的優點。不過，這種機製木炭畢竟是由強大壓力製成的產品，所以仍舊需要某種程度的體積。這樣一來，火床較小的串燒店就無法將其分割成小塊使用，這成了機製木炭一個使用上的瓶頸。為了解決這類店家的需求，廣備開發了名為「廣小丸」的特有商品。

廣小丸

直徑3cm的圓型硬質機製木炭。以1000℃以上的高溫進行備長燒而產生的商品，除了能提供強大火力之外，火力可持續2小時以上。由廣備位於馬來西亞的工廠嚴格品質管理生產，穩定的供給量也是魅力之一。

它圓形的斷面形狀近似天然炭，用在串燒店的火床裡時非常方便，並且以1000℃以上的高溫燒製成白炭（備長燒狀態）。機製木炭十分堅硬，而且兼具和天然炭匹敵的強大火力與方便保存的優點。同時，價格比天然炭更加實惠。店家若合併使用這樣的機製木炭，總成本方面也將有更大空間。這種「替代中國備長炭的次世代備長炭」，今後將越來越引人注目。

●洽詢電話
TEL：0120-17-4383
FAX：03-3675-0498

全盤供應「炭火燒」相關物品的木炭專賣店 炭の山田

以高溫燒烤的「炭火燒」具有能夠引出雞肉美味、讓烤雞肉串鮮美多汁，以及專業度高、易於宣傳種種優點，所以最近引進使用的店家有增加的趨勢。不過對學習炭火燒的初學者來說，貿然地引進使用會碰到許多困難，例如木炭種類繁多、要怎麼點火燃燒、木炭的拿取方式等等。這個時候可以提供許多意見的就是店舖坐落於大阪・千日前道具屋筋的「炭の山田」。此店創立至今已逾80個年頭，販賣木炭、鍋爐等70種常備商品，種類豐富齊全。顧客除了可在展示區聽取建議直接選購外，也能在店舖網站（http://www.sumi-yamada.com/）上獲得詳細資訊，對距離遙遠的人而言，店舖中規劃有展示室，可觸摸實品聽取意見後，再購買最適合自家店舖的木炭。除了木炭外，也有「小型火爐附防火素材」等多項便利的機器，是串燒店強而有力的後盾。

是非常便利的木炭專門店。

在商品方面，高品質的日本國產備長炭當然會詳細介紹，而其他地方生產的備長炭、黑炭、機製木炭等也同樣會將其特徵清楚說明，讓人不光只是憑著單純的印象好壞來選擇木炭，而是可以依照所需用途購入最適合的木炭。

便利機器也備妥的話 炭燒效果將更上層樓

「炭の山田」因應時代變遷，開發商品的態度積極，除了木炭之外，串燒店所需要的實用商品也大多數量齊全。例如燃火工具「小型火爐附防火素材」、「點火用煙囪」，是能將費時的點火作業時間縮短、相當重要的寶物。而要運送已點燃的木炭時，「不鏽鋼炭鍋」這個工具非常好用。此外，也銷售烤網「雞肉專用煎網」等，這個工具可以讓無法成串的雞肉，例如最近引起關注的「宮崎地雞燒」簡單地成為菜單中的一品。直接聽取顧客意見後，所進行開發而出的各種便利機器，以及豐富齊全的木炭商品，能將串燒店的經營導往良好的狀態發展。「炭の山田」可說是間全盤支援「炭火燒」的專賣店。

●洽詢電話
TEL：06-6631-5909
FAX：06-6631-7559

透過專家的眼睛，介紹最符合各個店家需求的木炭 佐藤燃料

硬度15度以上的備長炭中，有被視作最高級品的紀州（和歌山）、土佐（高知）、日向（宮崎）三大品牌備長炭。

就硬度高這一點來說，這是由於木材受到壓縮後產生近似於純粹的炭元素塊。一般說來，優質炭中，炭元素約佔80％，但是備長炭佔了90％以上，而紀州備長炭更高達96％，可說是雜質少之又少的純粹炭元素塊。也因此可以維持800～1000度的高溫，而且所含雜質極少，不會產生煙臭或是冒火的狀況，另外，炭元素的除臭特性還能消除食材的生腥味。具有這種特性的備長炭也因此被視為最適合燒烤食物的素材。

紀州備長炭為主力 並備有豐富炭品

㈱佐藤燃料於明治38年由販售家庭用木炭創業起家，戰後轉為銷售餐飲商業用木炭，現今的業務銷售量為業界第一。和其往來的店家已超過大約5000間，對於該公司所經手的高品質木炭寄予絕對信賴的餐廳也不在少數。

店內商品中，和歌山生產的紀州備長炭約佔進貨量的50％，並且按照

機製木炭

進口備長炭

和歌山縣產備長炭

從被認定為最高品質的紀州備長炭到進口備長炭、機製炭，共有100種以上的商品，種類相當齊全，並且能配合各個店家的條件與實際情況提出最適合的炭品建議，實踐站在顧客立場提供協助的服務理念。

木炭的大小長短進行細部分類，共有30種左右的品項。如果包含土佐及日向產商品的話，那麼光日本國產備長炭就多達70種。另外，也自日本以外的多個國家的工廠訂購備長炭，種類接近100種。機製木炭方面，日本國產與其他國家的產品合計各10種，真可說是種類豐富齊全。而能擁有如此豐富的進貨量及多元化的商品種類，全是因為掌握了使用炭火燒的店家其各式各樣的需求所致。

但是，只有商品種類齊全是無法長期得到顧客支持的。親自聆聽、思考各個店家對炭火的考量與條件，並且從中選擇最適當的炭類製品進行推薦，這樣的態度才是重要關鍵。燒烤台的尺寸大小、設置場所、燒烤的量有多大，而燒烤時間又有多久，以及負責燒烤的人技術如何，各個店家的這些條件和限制均有所不同，所以需要的木炭也會隨之有所變動。營業時間長者，可使用硬質容易維持火力的木炭，時間短的，柔軟易點燃的產品較有效率。單純以價格考量的話，可依他國機製炭、日本國產機製炭、他國備長炭、日本國產備長炭的順序來選擇。若顧客是迴轉速度快的小規模店家，就其長期成本來看，與其選擇價格低廉容易點燃但是無法長久維持火力的機製炭，還不如用可以產生強大火力、時間又持久的日本國產備長炭來進行快速燒烤。此外，佐藤燃料有時還會提出組合複數炭品的使用建議給店家。能有如此熟悉炭火特性的專賣店作後盾，相信店家絕對可以採購到最適合自己的木炭商品。

●洽詢電話
TEL：0120-51-4143
FAX：03-3653-0327

與燒烤相襯的鹽、調味料

社團法人日本食用雞協會監修的『國產銘柄雞介紹手冊』（２００７年版）裡，介紹了自北海道到沖繩，39都道府縣的１７６種地雞、銘柄雞。在之前的２００５年版本為１５１種。這是依據調查的回應結果記載下來的，然而根據推測，實際上流通的地雞、銘柄雞應該比這個數字還來得多。即使是一般的串燒店也開始使用這些雞肉，並且越來越強調要引出雞肉自身原本的美味。因此，如何選擇燒烤時所使用的鹽以及佐醬調味料也變得更重要。

鹽具有比對味道的效果。一邊撒鹽一邊燒烤可引出雞肉原有的美味，在地雞與銘柄雞使用量大增的今天，使用哪種鹽變得越來越重要了。

選定可提升素材滋味的鹽和調味料！

到底應該要選哪種鹽才能引出地雞與銘柄雞等食材的美味？根據日本平成9年的專賣法廢止與鹽事業法，現在雖然有各式各樣的鹽，但是大略可區分為「精製鹽」與「粗鹽」兩大類型。精製鹽近似於純粹的氯化鈉，味道感覺強烈，而遵照古法製造的粗鹽由於混和了礦物質成分，鹽味感覺柔和，味道較為複雜。粗鹽含有鹽滷，基本上是採用海水製造而成的鹽。雖說如果希望引出食材美味的話，最好使用含鹽滷的鹽，但由於產地及製作方法不同，鹽的味道會有所差異，所以還是經過多方嘗試後再選擇較好。不過，由於這類型的鹽具有良好的吸濕性，一定要在調理時使用，才能增添食材滋味。

另外，沾醬則是以醬油、砂糖、味醂、酒為基本材料。這當中的關鍵在於醬油與砂糖。光憑醬油是沾醬味道的主角這一點，就必須盡可能的選擇高品質的產品。『五代目備中屋』的山口和男表示，醬油也會因為製造廠不同而有個別差異，好好下工夫活用各種品牌的優點，才可能創造出醇厚的滋味。砂糖方面，若想要沾醬風味濃厚的話，可選擇三溫糖，想要清淡甜味的則推薦使用上白糖或粗糖。

沾醬的基本材料是醬油、砂糖、味醂、酒。為了創造充滿個性的沾醬，不但要研究適合材料的味道，還要選擇品質良好的調味料來使用才行。

SUPER CHEF BOOK

專業料理職人獨門傳授

左右料理美味的正統刀工

對重視刀工的日本料理來說，刀工技術就相當於調理技術，一把菜刀的選擇、運用到保養維修都關係到料理的美味、美觀與否。因此，本書特以七個章節介紹有關刀工的各類知識與技術，從基礎的菜刀選擇、維修，到食材的切剖、增添華麗氣氛的裝飾雕花都詳列在內，想成為專業料理師，就先從打穩基礎做起吧。

日本料理職人的

正統刀工技術

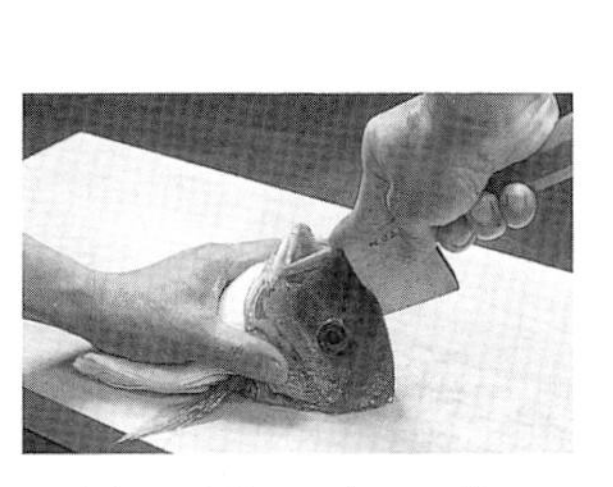

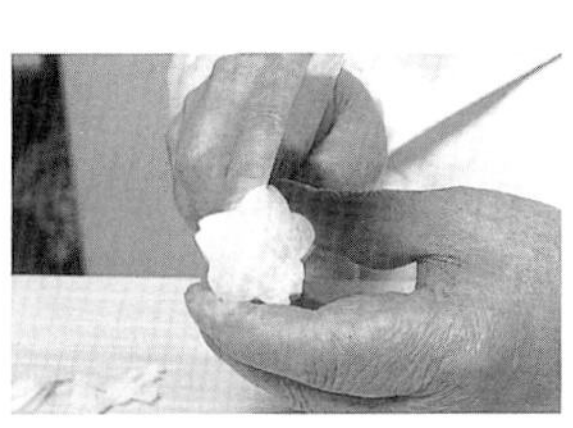

打穩基礎 向專業料理師邁進

日式刀工的基礎知識
蔬菜的基本切法
蔬菜的裝飾刀工技術
蔬菜的雕花技術

魚的切剖技術
生魚片的魚片切法
活體刀工・形態盛盤的技術
日式菜刀的維修技術

東販出版

(圖文資料摘自東販出版「日本料理職人的正統刀工技術」© ASAHIYA SHUPPAN.INC. 2001)

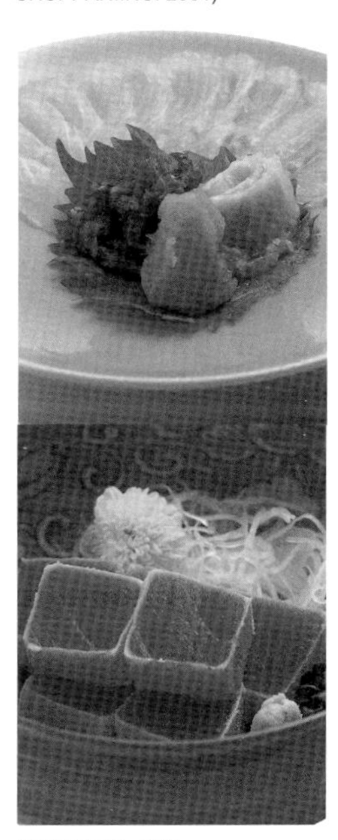

旭屋出版／著

日本料理職人的正統刀工技術

定價NT$480

好評熱賣！
哈燒專業料理書

台灣東販股份有限公司 TOHAN　台北市南京東路4段130號2F-1　TEL：(02)2577-8878　郵撥帳號:1405049-4

日文版工作人員
●編輯／大石 勳・印東 義則
●撰稿／相 和晴
●攝影／後藤 弘行・曽我 浩一郎（本書）・
今野 敏夫・佐々木雅久・手島 秀俊・能登 文穂
●設計／LILIC・宮本　郁（本書）

日式串燒大全

2007年12月1日初版第一刷發行
2023年7月15日初版第十一刷發行

著　　者　旭屋出版
譯　　者　林昆樺
發 行 人　若森稔雄
發 行 所　台灣東販股份有限公司
＜地址＞台北市南京東路4段130號2F-1
＜電話＞(02)2577-8878
＜傳真＞(02)2577-8896
郵撥帳號　1405049-4
法律顧問　蕭雄淋律師
總 經 銷　聯合發行股份有限公司
＜電話＞(02)2917-8022
香港總代理　萬里機構出版有限公司
＜電話＞2564-7511
＜傳真＞2565-5539